미분방정식 입문

하 홍 곤 저

도서출판 상 학 당

머리말

인간의 삶과 자연의 제현상에 대하여 직관적으로, 다시 말해 과학적으로 이해하려는 노력을 학문이라고 한다면 수학은 모든 학문의 기초분야를 대표하는 학문이라 할 수 있다. 또한, 자연과학의 발달로 인하여 많은 학문의 분야에서 수학의 기초지식이 광범위하게 요구되고 있다. 특히, 이공계 분야에서는 수학이 주축을 이루고 있다고 하여도 지나친 말은 아니다.

이러한 현실에 직면하여 수학의 필요성을 느끼면서도 수학을 가까이 하지 않은 사람이 많은 것은 수학이 포괄하는 범위가 너무나 광범위하고, 또 그 해가 어렵기 때문이다. 이 책은 이러한 점을 고려하여 미분적분학을 이수한 이공계 대학생을 위한 미분방정식 교재로 적합하도록 저술하였다.

특히 이공계에서의 응용도를 충분히 고려하여, 각 학문의 영역에서 대표적인 법칙을 미분방정식으로 표현하고 이 미분방정식을 풀어내기 위해 직관적인 해석방법보다는 정밀한 해석방법을 택하였으며, 수학적인 깊은 이론에 치우치지 않고 전공분야와 관계가 깊은 예제와 문제를 다루어 응용력을 기르도록 하였고, 장래에 과학기술분야를 지망하고 있는 학생들에게 가장 필요하다고 생각되는 미분방정식의 기본적인 해법, 선형미분방정식, 미분방정식의 급수해법, 라플라스 변환, 푸리에 급수 및 적분 등으로 구성되어 있다. 그리고 미분방정식의 해법에 대해 학생들의 이해를 돕고, 스스로 공부할 수 있도록 세밀하게 설명하고 있다.

또한, 각 절이 끝날 때마다 그 절의 내용을 심화학습하고 응용력을 기르는 데 도움이 되는 문제들을 선정하였으며, 쉬운 문제에서 어려운 문제순으로 배열하였다. 먼저 주어진 문제를 학생들이 스스로 풀어 보고 그 결과를 책 뒤의 해답과 비교하여 이해의 정도를 학생 스스로 판단할 수 있도록 하였다.

아무쪼록 이 책을 통해서 많은 학생들이 미분방정식을 이해하고 활용하는 데 많은 도움을 받을 수 있기를 기대한다.

각 분야에 걸쳐 충실을 기하려고 노력하였지만 천학비재하여 미비한 점과 오기된 부분이 많으리라 생각된다. 독자제현들의 지도편달을 바라는 바이다.

끝으로 이 책이 출간될 때까지 협조해 주신 여러분께 깊은 감사의 말씀을 드린다.

저자 씀

차 례

제 1 장 • 미분방정식 • 9

제 1 장

미분방정식

1-1 1계 상미분방정식

1. 기본개념

독립변수(獨立變數) x, 종속변수(從屬變數) y, 그리고 y의 x에 대한 도함수 y', y'', …… 등을 포함하는 방정식을 **미분방정식**(differential equation)이라 하고, 미분방정식에 포함된 최고차 도함수(最高次導函數)의 **계수**(階數)를 미분방정식의 계수(order)라 한다. 또 미분방정식에 포함된 최고차 도함수의 **차수**(次數)를 미분방정식의 차수(degree)라 한다. 예를 들면,

$$xy' + y = e^x \qquad \text{: 1계 1차 선형미분방정식} \qquad (1\text{-}1)$$

$$y'' + 3y' + 2y = \cos x \qquad \text{: 2계 1차 선형미분방정식} \qquad (1\text{-}2)$$

$$(y''')^4 + 4(y')^5 - y = \tan x \qquad \text{: 3계 4차 미분방정식} \qquad (1\text{-}3)$$

$$y\frac{\partial z}{\partial x} + x\frac{\partial z}{\partial y} = x \qquad \text{: 1계 선형편미분방정식} \qquad (1\text{-}4)$$

는 미분방정식이다. 식 (1-1), (1-2), (1-3)과 같이 독립변수 x, 종속변수 y, 그리고 도함수 y', y'', ……를 갖는 미분방정식을 **상미분방정식**(ordinary differential equation), 식 (1-4)와 같이 2개 이상의 독립변수 x, y, 종속변수 z, 그 편도함수를 갖는 미분방정식을 **편미분방정식**(partial differential equation)이라 한다. 그리고 y, y', ……, $y^{(n)}$의 차수가 1차일 때 **선형미분방정식**(linear differential equation)이라 하며, 식 (1-1), (1-2), (1-4)는 각각 1계 선형미분방정식, 2계 선형미분방정식, 1계 선형편미분방정식이다.

지금 임의의 상수 C로 표시되는 곡선군(曲線群)

$$F(x,\ y,\ C) = 0 \qquad (1\text{-}5)$$

에서 이 식을 x에 대해서 미분하면

$$F_x(x,\ y,\ C) + F_y(x,\ y,\ C)\frac{dy}{dx} = 0 \qquad (1\text{-}6)$$

이 된다. 식 (1-5)와 (1-6)에서 상수 C를 소거하면

$$f(x, y, y') = 0 \tag{1-7}$$

의 미분방정식이 구해진다.

예 1-1 포물선군 $y^2 = 4Cx$ 에서 임의의 상수 C를 소거하여 미분방정식을 구하여라.

• 풀이 • 원식 $y^2 = 4Cx$ 를 x 에 대해서 미분하면

$$yy' = 2C \quad 즉 \quad C = yy'/2$$

가 된다. 이 C를 원식에 대입하면

$$2xy' - y = 0$$

이 되고, 이 식은 1계 선형 미분방정식이다. ■

일반적으로 x 의 함수 y 와 n개의 임의의 상수 C_1, C_2, ……, C_n 으로 구성된 곡선군

$$F(x, y, C_1, C_2, \cdots\cdots, C_n) = 0 \tag{1-8}$$

에서 이 식을 x에 대해서 n회 계속 미분하여 얻은 n개의 방정식과 식 (1-8)로 상수 C_1, C_2, ……, C_n 을 소거하면 n계 미분방정식

$$f(x, y, y', y'', \cdots\cdots, y^{(n)}) = 0 \tag{1-9}$$

를 얻는다.

예 1-2 x, y 평면에서 임의의 점 (a, b)를 중심으로 하고, 반경이 1인 원군(圓群)에 대한 미분방정식을 구하여라.

• 풀이 • (a, b)를 중심으로 하고, 반경이 1인 원군의 방정식은

$$(x-a)^2 + (y-b)^2 = 1 \cdots\cdots ①$$

이다. ①식은 상수가 a, b 2개이므로 x에 대해서 2회 미분하면

$(x-a)+(y-b)y'=0 \cdots\cdots ②$
$1+y'^2+(y-b)y''=0 \cdots\cdots ③$

이다. ②식과 ③식에서 $(x-a)$와 $(y-b)$를 구하여 ①식에 대입하면

$$y''^2=(1+y'^2)^3$$

이 된다. ■

독립변수가 x, y, 종속변수가 z인 경우 곡선군

$$F(x,\ y,\ z,\ C_1,\ C_2)=0 \tag{1-10}$$

에서 이 식을 x, y에 대해서 편미분하면

$$\left.\begin{aligned}\frac{\partial F}{\partial x}+\frac{\partial F}{\partial z}\frac{\partial z}{\partial x}=0\\ \frac{\partial F}{\partial y}+\frac{\partial F}{\partial z}\frac{\partial z}{\partial y}=0\end{aligned}\right\} \tag{1-11}$$

가 된다. 식 (1-10)과 (1-11)에서 상수 C_1, C_2를 소거하면 다음의 편미분방정식을 얻는다.

$$f\left(x,\ y,\ z,\ \frac{\partial z}{\partial x},\ \frac{\partial z}{\partial y}\right)=0 \tag{1-12}$$

그리고, 3변수 x, y, z 간에

$$G(x,\ y,\ z)=C \tag{1-13}$$

의 관계가 있으면, 이 식을 전미분하면

$$\frac{\partial G}{\partial x}dx+\frac{\partial G}{\partial y}dy+\frac{\partial G}{\partial z}dz=0 \tag{1-14}$$

인 전미분방정식을 얻는다.

예 1-3 $z^2=C_1x^2+C_2y^2$에서 미분방정식을 구하여라. (C_1, C_2는 임의 상수)

• 풀이 • 원식을 x와 y로 편미분하면

$$z\frac{\partial z}{\partial x}=C_1x,\ z\frac{\partial z}{\partial y}=C_2y$$

가 되므로

$$C_1=\frac{z}{x}\frac{\partial z}{\partial x},\ C_2=\frac{z}{y}\frac{\partial z}{\partial y}$$

이다. 이 C_1과 C_2를 원식에 대입하면

$$z=x\frac{\partial z}{\partial x}+y\frac{\partial z}{\partial y}$$

가 되고, 이 식은 1계 편미분방정식이다. ■

예 1-4 구면 $x^2+y^2+z^2=a^2$에서 유도되는 미분방정식을 구하여라.

• 풀이 • 원식을 전미분하면

$$xdx+ydy+zdz=0$$

가 되고 이 식은 전미분방정식이다. ■

미분방정식 (1-7), (1-9), (1-12), (1-14)의 해는 식 (1-5), (1-8), (1-10), (1-13)이다. n계 미분방정식 (1-9)에 대해서 n개의 임의 상수를 갖는 해 (1-8)을 **일반해**(general solution), 임의의 상수 C_1, C_2, ……, C_n에 어떤 특정된 값을 대입하여 얻어지는 해를 **특해**(particular solution), 또 일반해의 임의의 상수에 어떤 값을 대입하여도 얻을 수 없는 해를 **특이해**(singular solution)라 한다.

예 1-5 $2xy'-y=0$의 일반해를 구하고, 이 일반해가 점 (1, 2)를 통과할 때 특해를 구하여라.

• 풀이 • (예 1-1)에서 일반해는 $y^2=4Cx$이고, 이 일반해가 (1, 2)를 지나므로 대입하면 $C=1$이므로 $y^2=4x$가 특해이다. ■

예 1-6 $y'^2-xy'+y=0$의 일반해는 $y=Cx-C^2$이고, 특이해는 $y=x^2/4$임을 증명하여라.

• **풀이** • $y = Cx - C^2$에서 $y' = C$이다. 이 관계식을 원미분방정식에 대입하면 만족되고, 상수 C를 가지고 있으므로 일반해이다. $y = x^2/4$와 $y' = x/2$을 원미분방정식에 대입하면 만족되고, 일반해 $y = Cx - C^2$에서 C가 어떤 값이라도 $\boldsymbol{y = x^2/4}$가 될 수 없으므로 특이해이다. ■

2. 변수분리형

1계 상미분방정식이

$$y' = f(x)g(y) \tag{1-15}$$

와 같이 우변이 x만의 함수 $f(x)$, y만의 함수 $g(x)$의 곱으로 표시될 때 이러한 미분방정식을 **변수분리형**(equation with separable variables) 또는 **분리형방정식**(separable equation)이라 한다. 식 (1-15)에서 양변을 $g(x)$로 나누면

$$\frac{1}{g(y)}\frac{dy}{dx} = f(x)$$

로 되고 양변을 x에 대해서 적분하면

$$\int \frac{1}{g(y)}dy = \int f(x)dx + C \qquad (C\text{는 적분상수}) \tag{1-16}$$

가 된다. 이 식이 1계 상미분방정식 (1-15)의 일반해이다.

만약 $g(y) = 0$일 때 식 (1-15)의 해 $y = y_0 =$상수도 하나의 해이다. 그리고 식 (1-16)을 미분하면 변수분리형 미분방정식은

$$X(x)dx + Y(y)dy = 0 \tag{1-17}$$

로 표시할 수 있고 이 식을 적분하면 일반해는

$$\int X(x)dx + \int Y(y)dy = C \tag{1-18}$$

이 된다.

예 1-7 $(1+x)\dfrac{dy}{dx}+1+y=0$의 해를 구하여라.

• 풀이 • 원미분방정식을 변수분리하면

$$\frac{dx}{1+x}+\frac{dy}{1+y}=0$$

가 되고 이 식을 적분하면

$$\ln(1+x)+\ln(1+y)=C'$$
$$\ln(1+x)(1+y)=C'$$

이므로

$$(1+x)(1+y)=C \quad (C=e^{C'})$$

이다. ■

예 1-8 $(1+x^2)y'+(1+y^2)=0$이고 $y(0)=1$을 만족할 때 해를 구하여라.

• 풀이 • 원미분방정식을 변수분리하면

$$\frac{dy}{1+y^2}+\frac{dx}{1+x^2}=0$$

가 되고, 이 식을 적분하면

$$\tan^{-1}y+\tan^{-1}x=C'$$

가 된다. 위의 식 양변에 tan를 취하면

$$\tan(\tan^{-1}x+\tan^{-1}y)=\frac{x+y}{1-xy}=C \quad (C=\tan C')$$

가 된다. $x=0$일 때 $y=1$을 대입하면 $C=1$, 그러므로 y는

$$y=\frac{1-x}{1+x}$$

가 된다. ■

3. 동 차 형

$$\frac{dy}{dx} = f\left(\frac{y}{x}\right) \tag{1-19}$$

의 미분방정식, 즉 우변이 y/x만의 함수인 1계 미분방정식을 **동차형**(homogeneous)이라 한다.

이 식에서 $y = vx$라 하면

$$\frac{dy}{dx} = v + x\frac{dv}{dx}$$

가 되므로 식 (1-19)는

$$v + x\frac{dv}{dx} = f(v)$$

$$\frac{dv}{f(v) - v} = \frac{dx}{x}$$

로 된다. 양변을 적분하면

$$\int \frac{dv}{f(v) - v} = \ln x + C \tag{1-20}$$

이다. 식 (1-20)에 $v = y/x$를 대입하면 동차형 미분방정식 (1-19)의 일반해를 구할 수 있다.

예 1-9 $(x^2 + y^2)dx - 2xydy = 0$을 풀어라.

• 풀이 • 원미분방정식은

$$\frac{dy}{dx} = \frac{1 + (y/x)^2}{2y/x} \cdots\cdots ①$$

가 되므로 동차형이다. $y = vx$라 하면 $y' = v + xv'$가 되므로 ①식은

$$v^2 - 1 + 2vx\frac{dv}{dx} = 0$$

즉,

$$\frac{2v}{v^2-1}dv+\frac{dx}{x}=0 \cdots\cdots ②$$

가 된다. ②식을 적분하면

$$\ln(v^2-1)+\ln x=\ln C$$
$$(v^2-1)x=C \cdots\cdots ③$$

가 된다. ③식에 $v=y/x$을 대입하면

$$y^2-x^2=Cx$$

가 된다. ■

예 1-10 $\frac{dy}{dx}=f\left(\frac{ax+by+c}{a'x+b'y+c'}\right)$을 풀어라($a$, b, c, a', b', c'는 상수).

• 풀이 • ① $ab'-a'b\neq 0$일 때

$$a\xi+b\eta+c=0$$
$$a'\xi+b'\eta+c'=0$$

을 만족하는 상수 ξ와 η를 구한다. 이 ξ와 η를 이용하여

$$x=X+\xi$$
$$y=Y+\eta$$

라 하면

$$ax+by+c=aX+bY$$
$$a'x+b'y+c'=a'X+b'Y$$
$$dx=dX,\ dy=dY$$

가 되므로 원방정식은

$$\frac{dY}{dX}=f\left(\frac{aX+bY}{a'X+b'Y}\right)$$

로 변환되고 이 식은 동차형 미분방정식이다.

② $ab'-a'b=0$일 때

$$\frac{a}{a'}=\frac{b}{b'}=k$$
$$a=a'k$$
$$b=b'k$$

라 하면 원방정식은

$$\frac{dy}{dx}=f\left\{\frac{k(a'x+b'y)+c}{a'x+b'y+c'}\right\}$$

로 된다. $v=a'x+b'y$라 하면

$$\frac{dv}{dx}=a'+b'\frac{dy}{dx}$$

$$\frac{dy}{dx}=\frac{1}{b'}\left(\frac{dv}{dx}-a'\right)$$

이다. 이 관계식을 원방정식에 대입하면

$$\frac{1}{b'}\left(\frac{dv}{dx}-a'\right)=f\left(\frac{kv+c}{v+c'}\right)$$

로 변환된다. 이 식은 변수분리형이다. ■

예 1-11 $(6x-2y-3)dx+(-2x-2y+1)dy=0$의 해를 구하여라.

• 풀이 • $6\xi-2\eta-3=0$, $-2\xi-2\eta+1=0$을 풀면 $\xi=1/2$, $\eta=0$이므로 $x=X+1/2$, $y=Y$라 하면 $6x-2y-3=6X-2Y$, $-2x-2y+1=-2X-2Y$, $dx=dX$, $dy=dY$가 되므로 원방정식은

$$(3X-Y)dX-(X+Y)dY=0$$

$$\frac{dY}{dX}=\frac{3X-Y}{X+Y}=\frac{3-Y/X}{1+Y/X} \cdots\cdots①$$

로 된다. 위의 식은 동차형이므로 $Y=vX$라 하면 $Y'=v+Xv'$이다. 이 관계식을 ①식에 대입하면

$$v+X\frac{dv}{dX}=\frac{3-v}{1+v}$$

$$\frac{dX}{X}+\frac{(v+1)dv}{v^2+2v-3}=0\cdots\cdots②$$

이 된다.

②식을 적분하면 $X\sqrt{v^2+2v-3}=C$, 즉 $3X^2-2XY-Y^2=-C^2$이다. 그런데 $X=x-1/2$, $y=Y$이므로 대입하면

$$3x^2-2xy-y^2-3x+y=b \qquad b=-\left(C^2+\frac{3}{4}\right)$$

이다. ■

4. 1계 선형미분방정식

$$\frac{dy}{dx}+P(x)y=Q(x) \tag{1-21}$$

의 미분방정식을 선형미분방정식(linear differential equation)이라 하고 $Q(x)=0$일 때 제차(齊次, homogeneous), $Q(x)\neq 0$일 때 비제차(非齊次, nonhomogeneous)라 한다.

식 (1-21)의 양변에 $e^{\int P(x)dx}$을 곱하면

$$e^{\int P(x)dx}\frac{dy}{dx}+e^{\int P(x)dx}P(x)y=\frac{d}{dx}(e^{\int P(x)dx}y)$$
$$=e^{\int P(x)dx}Q(x) \tag{1-22}$$

가 된다. 식 (1-22)를 양변 적분하면

$$e^{\int P(x)dx}y=\int Q(x)e^{\int P(x)dx}dx+C$$

가 된다. 그러므로 식 (1-21)의 일반해는

$$y=e^{-\int P(x)dx}\left[\int Q(x)e^{\int P(x)dx}dx+C\right] \tag{1-23}$$

이다.

예 1-12 $(1+x^2)y'-xy=1$을 풀어라.

• 풀이 • 원방정식은

$$\frac{dy}{dx}-\frac{x}{1+x^2}y=\frac{1}{1+x^2}\cdots\cdots①$$

로 된다.

①식에서

$$\left.\begin{aligned} P(x) &= -\frac{x}{1+x^2} \\ Q(x) &= \frac{1}{1+x^2} \end{aligned}\right\} \cdots\cdots ②$$

이므로

$$\left.\begin{aligned} e^{-\int P(x)dx} &= e^{\int \frac{xdx}{1+x^2}} = e^{\frac{1}{2}\ln(1+x^2)} = \sqrt{1+x^2} \\ e^{\int P(x)dx} &= e^{-\frac{1}{2}\ln(1+x^2)} = (1+x^2)^{-\frac{1}{2}} \end{aligned}\right\} \cdots\cdots ③$$

가 된다.

②식과 ③식을 식 (1-23)에 대입하면

$$y = \sqrt{1+x^2}\left\{\int \frac{1}{(1+x^2)^{3/2}}dx + c\right\} = \sqrt{1+x^2}\left\{\frac{x}{\sqrt{1+x^2}} + c\right\}$$
$$= x + c\sqrt{1+x^2}$$

로 된다. ■

미분방정식

$$\frac{dy}{dx} + P(x)y = Q(x)y^n \quad (n \neq 0 \text{ 또는 } 1) \tag{1-24}$$

을 **베르누이**(Bernoulli)**의 미분방정식**이라 한다. 식 (1-24)의 양변을 y^n으로 나누면

$$\frac{1}{y^n}\frac{dy}{dx} + P(x)y^{1-n} = Q(x)$$

가 된다. 위의 식에서 $y^{1-n} = u$라 하면 $u' = (1-n)y^{-n}y'$가 된다. 이 관계식을 대입하면

$$u' + (1-n)P(x)u = (1-n)Q(x) \tag{1-25}$$

로 되어 선형미분방정식으로 된다.

예 1-13 $y' - y = xy^3$을 풀어라.

• 풀이 • 원미분방정식은 $y^{-3}y' - y^{-2} = x$로 된다. 여기서 $y^{-2} = u$라 하면 $u' = -2y^{-3}y'$가 되므로 대입하면

$$u' + 2u = -2x$$

가 된다. 위의 식에서

$$u = e^{-2x}\left[-\int 2xe^{+2x}dx + c\right] = ce^{-2x} - \left(x - \frac{1}{2}\right)$$

$$y^{-2} = ce^{-2x} - \left(x - \frac{1}{2}\right)$$

로 된다. ■

5. 전미분방정식

임의의 1계 미분방정식을

$$P(x, y)dx + Q(x, y)dy = 0 \tag{1-26}$$

의 형으로 표시할 수 있다. 식 (1-26)의 좌변이 x, y의 함수 $u(x, y) = c$의 전미분 du와 같을 때, 즉

$$\frac{\partial u}{\partial x}dx + \frac{\partial u}{\partial y}dy = P(x, y)dx + Q(x, y)dy = 0 \tag{1-27}$$

로 될 때 전미분방정식(exact differential equation)이라 한다. 식 (1-26)의 일반해는

$$u(x, y) = c \tag{1-28}$$

이다.

정리 1 $P(x, y)$, $Q(x, y)$가 x, y에 관해서 연속인 편도함수를 가질 때 식 (1-26)이 전미분방정식으로 되기 위한 필요충분조건은

$$\frac{\partial P}{\partial y} = \frac{\partial Q}{\partial x} \tag{1-29}$$

• 증명 • 식 (1-27)에서 $P(x, y)$, $Q(x, y)$는

$$P(x,\ y)=\frac{\partial u}{\partial x}$$

$$Q(x,\ y)=\frac{\partial u}{\partial y}$$

가 된다. $u(x,\ y)$가 연속인 2계 도함수는

$$\frac{\partial P}{\partial y}=\frac{\partial^2 u}{\partial y\partial x}=\frac{\partial Q}{\partial x}=\frac{\partial^2 u}{\partial x\partial y}$$

가 되므로 이것은 필요조건이다.

역으로 $\dfrac{\partial P}{\partial y}=\dfrac{\partial Q}{\partial x}$가 성립할 때 $P(x,\ y)$를 연속함수라 가정하고

$$\int P(x,\ y)dx=F(x,\ y) \quad (y\text{는 상수로 취급함})$$

라 하면 $\dfrac{\partial F}{\partial x}=P(x,\ y)$에서

$$\frac{\partial^2 F}{\partial y\partial x}=\frac{\partial P}{\partial y}=\frac{\partial Q}{\partial x}=\frac{\partial^2 F}{\partial x\partial y}$$

가 된다. 위의 관계식에서

$$\frac{\partial}{\partial x}\left\{\frac{\partial F}{\partial y}-Q\right\}=0$$

가 된다. 위의 식에서 $\dfrac{\partial F}{\partial y}-Q$가 y만의 함수이므로

$$\frac{\partial F}{\partial y}-Q=f(y)$$

로 되어 식 (1-26)은

$$\begin{aligned}Pdx+Qdy&=\frac{\partial F}{\partial x}dx+\left[\frac{\partial F}{\partial y}-f(y)\right]dy\\&=dF-f(y)dy\\&=d\left[F-\int f(y)dy\right]=0\end{aligned} \tag{1-30}$$

이다. 식 (1-30)은 전미분방정식이므로 충분조건이다. 이 식에서

$$F-\int f(y)dy=c$$

$$F=\int P(x,\ y)dx$$

$$f(y)=\frac{\partial F}{\partial y}-Q$$

이므로 식 (1-30)에 대입하여 정리하면 일반해는

$$\int P(x, y)dx + \int \left[Q - \frac{\partial}{\partial y} \int P(x, y)dx \right] dy = c \tag{1-31}$$

이다. ■

예 1-14 $(x^3 + 2xy + y)dx + (y^3 + x^2 + x)dy = 0$을 풀어라.

• **풀이** • $Pdx + Qdy = 0$에서

$$P = x^3 + 2xy + y, \quad Q = y^3 + x^2 + x$$

이다.

$$\frac{\partial P}{\partial y} = 2x + 1$$

$$\frac{\partial Q}{\partial x} = 2x + 1$$

이다. 즉, $\dfrac{\partial P}{\partial y} = \dfrac{\partial Q}{\partial x}$가 되므로 전미분방정식이다.

식 (1-31)을 이용하여 적분하면

$$\begin{aligned} c &= \int (x^3 + 2xy + y)dx + \int \left[(y^3 + x^2 + x) - \frac{\partial}{\partial y} \int (x^2 + 2xy + y)dx \right] dy \\ &= \frac{1}{4}x^4 + x^2y + xy + \int [(y^3 + x^2 + x - (x^2 + x)] dy \\ &= \frac{1}{4}x^4 + x^2y + xy + \frac{1}{4}y^4 \end{aligned}$$

이다. ■

• **별해 1** • $Pdx + Qdy = 0$의 해를 $u(x, y)$라 하면 $P = \dfrac{\partial u}{\partial x}$, $Q = \dfrac{\partial u}{\partial y}$이다. 그래서

$$\frac{\partial u}{\partial x} = x^3 + 2xy + y$$

$$\frac{\partial u}{\partial y} = y^3 + x^2 + x$$

이다. 첫 번째 식을 x에 관해 적분하면

$$\begin{aligned} u &= \int (x^3 + 2xy + y)dx \\ &= \frac{1}{4}x^4 + x^2y + xy + f(y) \qquad (f(y)\text{는 적분에 대한 상수}) \end{aligned}$$

가 된다. 이 식을 y에 대해서 미분하면

$$\frac{\partial u}{\partial y} = Q = x^2 + x + f'(y) = y^3 + x^2 + x$$

에서

$$f'(y) = y^3, \ f(y) = \frac{1}{4}y^4$$

이 된다. 그러므로 일반해는

$$u = \frac{1}{4}x^4 + x^2y + xy + \frac{1}{4}y^4 = c$$

이다. ■

6. 적분인수

미분방정식 $P(x, y)dx + Q(x, y)dy = 0$의 양변에 $\mu(x, y)$를 곱한 방정식

$$\mu(x, y)P(x, y)dx + \mu(x, y)Q(x, y)dy = 0 \tag{1-32}$$

이 전미분방정식이 되는 경우가 있다. 이 $\mu(x, y)$를 **적분인수**(integrating factor)라 한다. 식 (1-32)가 전미분방정식이므로 식 (1-29)의 조건을 만족하게 된다. 즉,

$$\frac{\partial}{\partial y}(\mu P) = \frac{\partial}{\partial x}(\mu Q)$$

이다. 그래서 $\mu(x, y)$는 다음의 편미분방정식

$$P\frac{\partial \mu}{\partial y} - Q\frac{\partial \mu}{\partial x} + \mu\left(\frac{\partial P}{\partial y} - \frac{\partial Q}{\partial x}\right) = 0 \tag{1-33}$$

의 해가 된다.

(1) $\frac{1}{Q}\left(\frac{\partial P}{\partial y} - \frac{\partial Q}{\partial x}\right)$가 x만의 함수, 즉 $\frac{1}{Q}\left(\frac{\partial P}{\partial y} - \frac{\partial Q}{\partial x}\right) = f(x)$일 때

적분인수 μ는 x만의 함수가 되므로, 식 (1-33)은

$$\frac{1}{\mu}\frac{d\mu}{dx} = f(x)$$

에서

$$\frac{d\mu}{\mu} = f(x)dx$$

이다. μ는 위의 식에서

$$\mu(x) = e^{\int f(x)dx} \tag{1-34}$$

이다.

예 1-15 $(x^2e^x - y)dx + xdy = 0$의 적분인수를 구하고, 풀어라.

• 풀이 • 원방정식에서 $P = x^2e^x - y$, $Q = x$이므로

$$\frac{\partial P}{\partial y} - \frac{\partial Q}{\partial x} = -1 - 1 = -2$$

$$f(x) = \frac{1}{Q}\left(\frac{\partial P}{\partial y} - \frac{\partial Q}{\partial x}\right) = -\frac{2}{x}$$

가 된다. 식 (1-34)를 이용하여 적분인수 $\mu(x)$를 구하면

$$\mu(x) = e^{-\int \frac{2}{x}dx} = e^{-2\ln x} = \frac{1}{x^2}$$

이다. 위의 $\mu(x)$를 원방정식에 곱하면

$$\left(e^x - \frac{y}{x^2}\right)dx + \frac{dy}{x} = 0$$

$$e^x dx + \left(\frac{dy}{x} - \frac{y}{x^2}dx\right) = e^x dx + d\left(\frac{y}{x}\right) = 0$$

가 된다. 위의 식을 적분하면 구하는 일반해는

$$e^x + \frac{y}{x} = c$$ ■

(2) $\frac{1}{P}\left(\frac{\partial P}{\partial y}-\frac{\partial Q}{\partial x}\right)$가 y만의 함수, 즉 $\frac{1}{P}\left(\frac{\partial P}{\partial y}-\frac{\partial Q}{\partial x}\right)=g(y)$일 때

적분인수 μ는 y만의 함수가 되므로 식 (1-33)은

$$\frac{1}{\mu}\frac{d\mu}{dy}=-g(y)$$

에서

$$\frac{d\mu}{\mu}=-g(y)dy$$

이다. μ는 위의 식에서

$$\mu(y)=e^{-\int g(y)dy} \tag{1-35}$$

이다.

예 1-16 $3x^2ydx+(2x^3-4y^2)dy=0$의 적분인수를 구하고, 풀어라.

• 풀이 • 원방정식에서 $P=3x^2y$, $Q=2x^3-4y^2$이므로

$$\frac{\partial P}{\partial y}-\frac{\partial Q}{\partial x}=3x^2-6x^2=-3x^2$$

$$g(y)=\frac{1}{P}\left(\frac{\partial P}{\partial y}-\frac{\partial Q}{\partial x}\right)=-\frac{1}{y}$$

이다. 식 (1-35)를 이용하여 적분인수 $\mu(y)$를 구하면

$$\mu(y)=e^{\int\frac{1}{y}dy}=y$$

이다. 위의 $\mu(y)$를 원방정식에 곱하면 $3x^2ydx+(2x^3y-4y^3)dy=0$에서

$$d(x^3y^2)-4y^3dy=0$$

이다. 앞의 식을 적분하여 일반해를 구하면

$$x^3y^2-y^4=c$$

이다.

적분인수를 구하는 일반적인 방법은 없지만 다음 공식은 적분인수를 찾는 데 유리하다.

1) $d(xy) = xdy + ydx$

2) $d(x^2 \pm y^2) = 2(xdx \pm ydy)$

3) $d\left(\dfrac{y}{x}\right) = \dfrac{xdy - ydx}{x^2}$

4) $d\left(\dfrac{x}{y}\right) = \dfrac{ydx - xdy}{y^2}$

5) $d\left(\dfrac{x+y}{x-y}\right) = \dfrac{2(xdy - ydx)}{(x-y)^2}$

6) $d\left(\dfrac{x-y}{x+y}\right) = \dfrac{2(ydx - xdy)}{(x+y)^2}$

7) $d\left(\tan^{-1}\dfrac{y}{x}\right) = \dfrac{xdy - ydx}{x^2 + y^2}$

8) $d\left(\tan^{-1}\dfrac{x}{y}\right) = \dfrac{ydx - xdy}{x^2 + y^2}$

9) $d\{\ln(x^2 + y^2)\} = \dfrac{2(xdx - ydy)}{x^2 + y^2}$

10) $d\left\{\ln\left(\dfrac{x+y}{x-y}\right)\right\} = \dfrac{2(xdy + ydx)}{x^2 - y^2}$

7. 1계 고차미분방정식

$p = y'$에 관한 n차 미분방정식

$$p^n + P_1(x, y)p^{n-1} + P_2(x, y)p^{n-2} + \cdots\cdots + P_{n-1}(x, y)p + P_n(x, y) = 0 \quad (1\text{-}36)$$

을 1계 n차 미분방정식(first order differential equation of degree n)이라 한다. 식 (1-36)의 좌변을 p에 관해서 인수분해하여

$$\{p - f_1(x, y)\}\{p - f_2(x, y)\}\cdots\cdots\{p - f_n(x, y)\} = 0$$

로 된다고 하면, 위의 식에 각 인수를 0으로 놓은 미분방정식 $p - f_1(x, y) = 0$의 일반해를

$$\phi_i(x,\ y,\ c)=0 \qquad (i=1,\ 2,\ \cdots\cdots,\ n)$$

라 하면 식 (1-36)의 일반해는

$$\phi_1(x,\ y,\ c)\,\phi_2(x,\ y,\ c)\cdots\cdots\,\phi_n(x,\ y,\ c)=0 \tag{1-37}$$

이다. 왜냐하면 식 (1-37)은 1개의 임의의 상수 c를 가지고 있으며, 식 (1-37)이 성립하면 어떤 i에 대해서 $\phi_i(x,\ y,\ c)=0$이므로 $p-f_i(x,\ y)=0$이 되어 식 (1-36)의 좌변은 0이 된다.

예 1-17 $x^2p^2+4x^2y^2p-p-4y^2=0$ $(p=y')$을 풀어라.

• 풀이 • 원방정식의 좌변을 인수분해하면 $(x^2p-1)(p+4y^2)=0$이 된다. 여기서

$$x^2p-1=x^2\frac{dy}{dx}-1=0 \quad \text{즉, } \frac{dy}{dx}-\frac{1}{x^2}=0\text{에서 } y+\frac{1}{x}=c$$

$$p+4y^2=\frac{dy}{dx}+4y^2=0 \quad \text{즉, } \frac{1}{y^2}\frac{dy}{dx}+4=0\text{에서 } -\frac{1}{y}+4x=c$$

이다. 그래서 구하는 일반해는

$$(xy+1-cx)(4xy-1-cy)=0$$

이다. ■

8. 미분법에 의한 해법

$$y=px+f(p) \qquad (p=y') \tag{1-38}$$

의 미분방정식을 **클레로**(clairaut) **미분방정식**이라 한다. 식 (1-38)을 x에 대해서 미분하면

$$\frac{dy}{dx}=p=p+x\frac{dp}{dx}+f'(p)\frac{dp}{dx}$$

에서

$$\{x+f'(p)\}\frac{dp}{dx}=0$$

이다. 먼저 $\frac{dp}{dx}=0$에서 $p=c$(c는 상수)를 식 (1-38)에 대입하면 구하는 일반해는

$$y=cx+f(c) \tag{1-39}$$

이다. 다음 $x+f'(p)=0$의 경우 식 (1-38)과 연립시켜 하나의 특이해를 얻는다.

예 1-18 $y=px+\frac{1}{2}p^2$을 풀어라.

• 풀이 • 원방정식은 클레로 미분방정식이다. 양변을 x에 대해서 미분하면

$$p=p+x\frac{dp}{dx}+p\frac{dp}{dx}$$

에서

$$(x+p)\frac{dp}{dx}=0$$

이다. $dp/dx=0$에서 $p=c$이므로 원방정식에 대입하면 구하는 일반해는

$$y=cx+\frac{1}{2}c^2 \cdots\cdots ①$$

이다. 다음 $x+p$에서 $p=-x$, 이것을 원방정식에 대입하면 특이해는

$$y=-\frac{x^2}{2} \cdots\cdots ②$$

이다. 일반해 ①식과 포물선인 특이해 ②식의 관계는 [그림 1-1]과 같다.

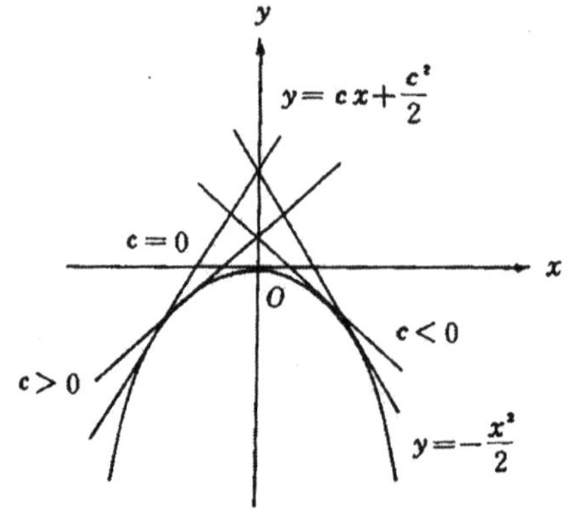

[그림 1-1]

$$y = xf(p) + g(p) \tag{1-40}$$

의 미분방정식을 **라그랑주**(Lagrange) 또는 **d'Alambert의 미분방정식**이라 한다. 이 식 (1-40)은 광의의 클레로 미분방정식이다. 식 (1-40)의 양변을 x에 대해서 미분하면

$$p = f(p) + xf'(p)\frac{dp}{dx} + g'(p)\frac{dp}{dx}$$

에서

$$\{xf'(p) + g'(p)\}\frac{dp}{dx} + f(p) - p = 0$$

이다. $f(p) - p \neq 0$인 경우 p를 독립변수, x를 종속변수로 볼 때 위의 식은 x에 관한 다음의 선형미분방정식이 된다.

$$\frac{dx}{dp} + \frac{f'(p)}{f(p) - p}x = \frac{g'(p)}{f(p) - p}$$

위의 식의 일반해를

$$x - cF_1(p) + F_2(p) \tag{1-41}$$

라 하면 식 (1-40)과 (1-41)에서 p를 소거하면 식 (1-40)의 일반해가 얻어진다.

예 1-19 $y = 2px + p^2$을 풀어라.

• 풀이 • 원방정식은 라그랑주 미분방정식이다. x에 대해서 미분하면 $p = 2p + 2(x + p)\dfrac{dp}{dx}$ 에서

$$p\frac{dx}{dp} + 2(x + p) = 0$$

이다. 위의 식을 1계 선형미분방정식으로 표시하면

$$\frac{dx}{dp} + \frac{2}{p}x = -2$$

이다. 이 식을 풀면

$$\begin{aligned} x &= e^{-\int \frac{2}{p}dp}\left[-2\int e^{\int \frac{2}{p}dp}dp + c\right] = \frac{1}{p^2}\left(-2\int p^2 dp + c\right) \\ &= \frac{1}{p^2}\left(-\frac{2}{3}p^3 + c'\right) \end{aligned}$$

가 되므로

$$3xp^2+2p^3=c \qquad (c=3c')\cdots\cdots①$$

이다. 원방정식 $y=2px+p^2$의 양변에 x^2을 더하면

$$x^2+2px+p^2=(x+p)^2=y+x^2$$
$$(x+p)^2=y+x^2\cdots\cdots②$$

가 된다. ①식에서

$$c=2p^3+3xp^2=2(p+x)^3-3x(p^2+2xp)-2x^3$$
$$=2(p+x)^3-3x(p+x)^2+x^3$$

이므로 위의 식에 ②식을 대입하면

$$c=2(y+x^2)^{3/2}-3xy-2x^3$$

이 된다. 그러므로 구하는 일반해는 다음과 같다.

$$4(y+x^2)^3=(2x^3+3xy+c)^2$$

9. 1계 상미분방정식의 응용

1계 상미분방정식의 해법을 이용하여 기하학적, 공학적인 문제를 풀 수 있다.

예 1-20 법선의 길이가 x절편과 같은 곡선을 구하여라.

• 풀이 • 곡선 $y=f(x)$ 상의 임의의 한 점 $P(x, y)$에서 [그림 1-2]와 같이 x축과 만나는 점을 N이라 하면 법선의 길이 PN은 $|y|\sqrt{1+y'^2}$, x절편 ON은 $x+yy'$이므로 주어진 조건에서

$$\pm y\sqrt{1+y'^2}=x+yy'\cdots\cdots①$$

의 미분방정식이 구해진다. ①식의 양변을 제곱하면

$$y^2=x^2+2xyy'$$

이고 이 식에서

$$y'=\frac{1}{2}\left(\frac{y}{x}-\frac{x}{y}\right)\cdots\cdots②$$

이다. ②식은 동차형이므로 $y=vx$라 하면 $y'=v+xv'$이다. 그러므로 ②식은

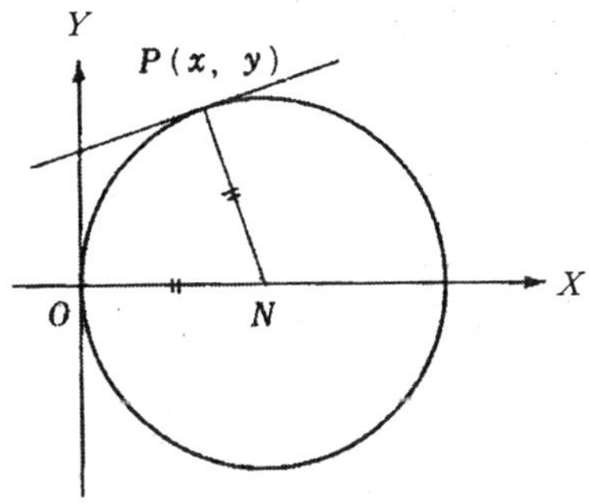

[그림 1-2]

$$\frac{dx}{x}+\frac{2v}{1+v^2}dv=0$$

이다. 위의 식을 적분하면

$$\ln x+\ln(1+v^2)=\ln c$$
$$x(1+v^2)=\frac{x^2+y^2}{x}=c$$

이다. $c=2a$일 때 구하는 해는

$$(x-a)^2+y^2=a^2 \quad (c=2a)$$

로 중심이 $(a, 0)$, y축에 접하는 반경 a인 원군(圓群)이다. ■

하나의 곡선 K가 [그림 1-3]과 같이 어떤 곡선군의 각 곡선과 일정각 α로 교차될 때 곡선 K를 그 곡선군의 **α-등교곡선**(α-trajectory)이라 한다.

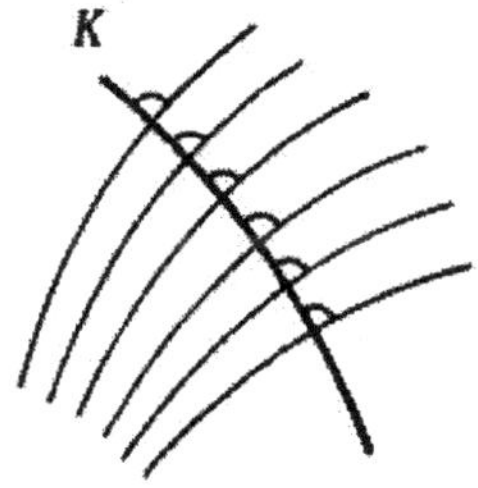

[그림 1-3]

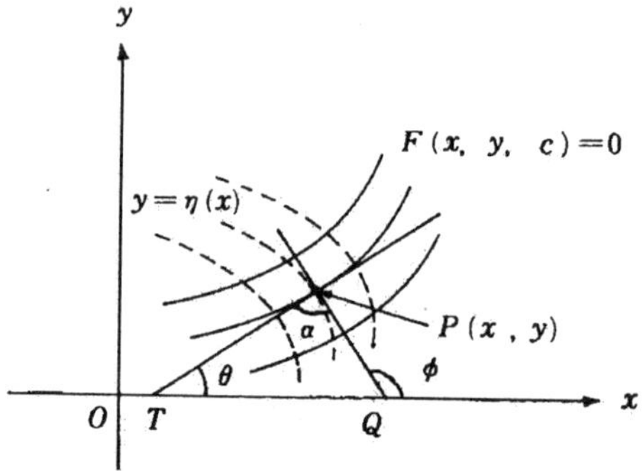

[그림 1-4]

곡선군 $F(x, y, c)=0$을 일반해로 하는 미분방정식을 $f(x, y, y')=0$이라 하면 [그림 1-4]와 같이 α-등교곡선 K 상의 임의의 점 $P(x, y)$에서 $F(x, y, c)=0$의 기울기를 $y'=\tan\theta$라 하면

$$\tan\theta = \tan(\phi-\alpha) = \frac{\tan\phi - \tan\alpha}{1+\tan\phi\tan\alpha}$$

가 된다. 또 점 P를 지나는 α-등교곡선을 $y=\eta(x)$라 하면 α-등교곡선의 기울기 $\tan\phi = \dfrac{dy}{dx} = \dfrac{d\eta}{dx}$이므로 위의 식은

$$\tan\theta = \frac{y'-a}{1+ay'}$$

이고 $\alpha=\tan\alpha$이다.

그러므로 $f(x, y, y')=0$을 만족하는 방정식은

$$f\left(x,\ y,\ \frac{y'-a}{1+y'a}\right)=0 \tag{1-42}$$

이다.

예 1-21 $y=cx$의 등교곡선을 구하여라.

• **풀이** • $y=cx$를 x에 대해서 미분하면 $y'=c$이다. 이 식을 원식에 대입하면 $y=y'x$이다. 이것이 $y=cx$를 만족하는 미분방정식이다. 그래서 구하는 등교곡선의 미분방정식은 식 (1-42)에서

$$y' = \tan\theta = \frac{y}{x} = \frac{y'-a}{1+ay'} \cdots\cdots ①$$

이다. ①식을 y'에 대해서 풀면

$$y' = \frac{a+y/x}{1-ay/x} \cdots\cdots ②$$

이다. 이 식은 동차형이므로 $y = vx$, $y' = v + xv'$가 되므로 ②식은

$$\frac{1-av}{1+v^2}dv = a\frac{dx}{x}$$

이고 적분하면

$$\tan^{-1}v - \frac{a}{2}\ln(1+v^2) = a\ln x + c'$$

에서 $\tan^{-1}v = a\ln x\sqrt{1+v^2} + c_1$이다. 그래서 구하는 일반해는

$$\sqrt{x^2+y^2} = ce^{\frac{1}{a}\tan^{-1}(y/x)} \quad (c = e^{-c_1})$$

이다. 여기서 $x = r\cos\theta$, $y = r\sin\theta$의 극좌표로 표시하면

$$r = ce^{\theta/a}$$

구하는 등교곡선은 등교나선이다(그림 1-5 참조). ■

특히, $\alpha = 90°$일 때 K를 **직교곡선**(orthogonal trajectory)이라 하고 식 (1-42)에서 $\alpha = \tan 90° = \infty$이므로

$$\frac{y'-a}{1+ay'} = \frac{-1+y'/a}{y'+1/a} = -\frac{1}{y'}$$

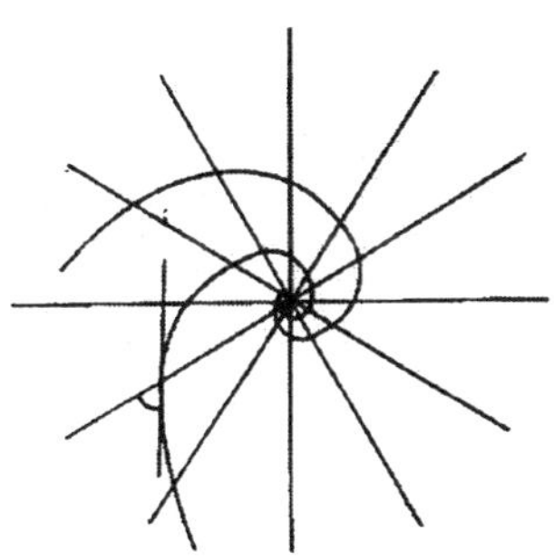

[그림 1-5]

이 된다. 그러므로 직교곡선의 미분방정식은

$$f(x, y, -1/y') = 0 \tag{1-43}$$

으로 된다.

예 1-22 곡선의 집합 $x^2 + y^2 = cx$의 직교곡선을 구하여라.

• 풀이 • 원방정식을 x에 대해서 미분하면 상수 c는 $c = 2x + 2yy'$가 되므로 이것을 원방정식에 대입하여 정리하면

$$\frac{dy}{dx} = \frac{y^2 - x^2}{2xy}$$

가 된다. 직교곡선의 방정식은 식 (1-43)에서 $-\frac{1}{y'}$이므로

$$\frac{dy}{dx} = \frac{2xy}{x^2 - y^2}$$

이다. 위의 식은 동차형이므로 $y = vx$라 하면 위의 방정식은

$$x\frac{dv}{dx} + v = \frac{2v}{1 - v^2}$$

$$\left(\frac{2v}{v^2 + 1} - \frac{1}{v}\right)dv + \frac{dx}{x} = 0$$

이다.

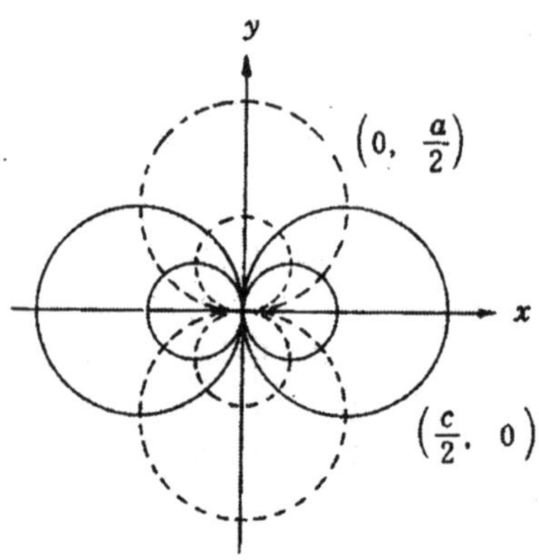

[그림 1-6]

적분하면

$$\frac{x(v^2+1)}{v}=a \qquad (a\text{는 임의 상수})$$

에서 $x^2+y^2-ay=0$이므로 직교곡선은

$$x^2+\left(y-\frac{a}{2}\right)^2=\left(\frac{a}{2}\right)^2$$

이다. 원방정식은

$$\left(x-\frac{c}{2}\right)^2+y^2=\left(\frac{c}{2}\right)^2$$

이다(그림 1-6 참조). ■

다음은 미분방정식의 해법을 이용하여 물리적인 문제를 풀어보자.

예 1-23 뉴턴의 냉각법칙에 의하면 유동하는 공기 중에서 물질의 냉각률은 물질과 공기의 온도차에 비례한다. 공기의 온도가 30°일 때 물질을 100°에서 70°로 냉각시키는 데 15분 걸렸다고 하면 몇 시간 후에 40°가 되겠는가?

• 풀이 • t분 후 물질의 온도를 T라 하면

$$\frac{dT}{dt}=-k(T-30) \quad (k\text{는 비례상수})$$

$$\frac{dT}{T-30}=-kdt$$

가 된다. $t=0$, $T=100°$에서 $t=15$, $T=70°$까지 적분하면

$$\int_{100}^{70}\frac{dT}{T-30}=-k\int_0^{15}dt$$

$$15k=\ln\frac{7}{4}=0.56$$

이다. 다음 $t=0$, $T=100°$에서 $t=t$, $T=40$까지 적분하면

$$\int_{100}^{40}\frac{dT}{T-30}=-k\int_0^{t}dt$$

에서

$$\ln 10-\ln 70=-kt$$

이므로 $15kt=15\ln 7$에서

$$t=\frac{15\ln 7}{0.56}=52\text{분}$$

이다.

예 1-24 질량이 m인 물체가 초속 v_0로 연직상방으로 던져졌다. 공기의 저항이 속도의 제곱에 비례한다고 가정할 때 그 물체가 도달할 수 있는 높이 h와 이 높이까지 올라가는 데 걸리는 시간 T를 구하여라.

• 풀이 • 물체운동이 출발점에서부터의 거리를 x라 하면 미분방정식은

$$m\frac{dv}{dt}=-mg-kv^2\ \left(v=\frac{dx}{dt},\ k\text{는 비례정수}\right)\cdots\cdots①$$

이다. ①식에서

$$\frac{1}{g+(k/m)v^2}\frac{dv}{dt}=-1$$

또는

$$\frac{d}{dt}\left(\sqrt{\frac{m}{gk}}\tan^{-1}\sqrt{\frac{k}{mg}}v\right)=-1$$

이 되므로 적분하면

$$\sqrt{\frac{m}{gk}}\tan^{-1}\sqrt{\frac{k}{mg}}v=-t+c_1\cdots\cdots②$$

이 되고, $t=0$, $v=v_0$에서 c_1은

$$c_1=\sqrt{\frac{m}{gk}}\tan^{-1}\sqrt{\frac{k}{mg}}v_0$$

이다. 물체가 최고점에 도달하는 시간 T는 속도 v가 0일 때이므로 ②식에서

$$T=c_1=\sqrt{\frac{m}{gk}}\tan^{-1}\left(\sqrt{\frac{k}{mg}}v_0\right)$$

이다. 다음 $\frac{dv}{dt}=\frac{dv}{dx}\cdot\frac{dx}{dt}=v\frac{dv}{dx}$이므로 ①식은

$$\frac{v}{g+(k/m)v^2}\frac{dv}{dx}=-1$$

$$\frac{d}{dx}\left\{\frac{m}{2k}\ln\left(g+\frac{k}{m}v^2\right)\right\}=-1$$

이다. 위의 식을 적분하면

$$\frac{m}{2k}\ln\left(g+\frac{k}{m}v^2\right)=-x+c_2\cdots\cdots③$$

이다.

초기조건 $x=0$, $v=v_0$에서 c_2는 $c_2=\frac{m}{2k}\ln\left(g+\frac{k}{m}v_0^2\right)$이다. 물체가 최고점 h에 도달하면 $v=0$이므로 ③식에서

$$h=c_2-\frac{m}{2k}\ln g=\frac{m}{2k}\ln\left(g+\frac{k}{m}v_0^2\right)-\frac{m}{2k}\ln g=\frac{m}{2k}\ln\left(1+\frac{k}{mg}v_0^2\right)$$ ■

예 1-25 [그림 1-7]의 RL 직렬회로에 대해서 인가전압 $E(t)$는

① $E(t)=E_0=$상수(직류전압)

② $E(t)=E_0\sin\omega t$ (교류전압)

일 때 전류 i를 구하여라.

• 풀이 • [그림 1-7]에서 전압 $E(t)$는 키르히호프(Kirchhoff)의 전압법칙에서

$$E(t)=Ri+L\frac{di}{dt}\cdots\cdots①$$

이다.

① $E(t)=E_0$일 경우 ①식은

$$\frac{di}{dt}+\frac{R}{L}i=\frac{E_0}{L}$$

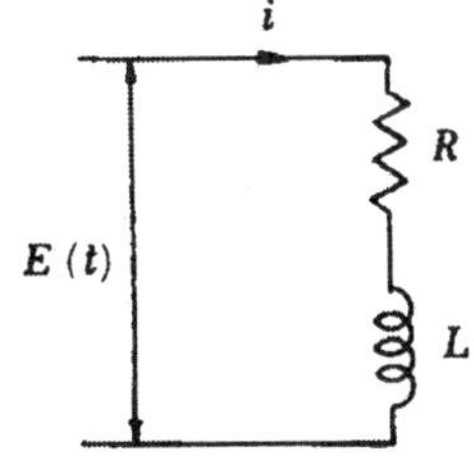

[그림 1-7]

로 1계 선형미분방정식이다. 전류 i는

$$i(t)=e^{-\frac{R}{L}t}\left[\frac{E_0}{L}\int e^{\frac{R}{L}t}dt+c\right]=\frac{E_0}{R}+ce^{-\frac{R}{L}t}\cdots\cdots②$$

이다. $t=0$, $i=0$이면 ②식은

$$i(t)=\frac{E_0}{R}\left(1-e^{-\frac{R}{L}t}\right)\cdots\cdots③$$

이다. ③식에서 두 번째 항은 $t\to\infty$일 때 0이 되므로, $i(t)=E_0/R$이다.

② $E(t)=E_0\sin\omega t$일 경우 ①식은

$$\frac{di}{dt}+\frac{R}{L}i=\frac{E_0}{L}\sin\omega t$$

로 전류 $i(t)$는

$$\begin{aligned}i(t)&=e^{-\frac{R}{L}t}\left[\frac{E_0}{L}\int e^{\frac{R}{L}t}\sin\omega t\,dt+c\right]\\&=ce^{-\frac{R}{L}t}+\frac{E_0}{R^2+\omega^2L^2}(R\sin\omega t-\omega L\cos\omega t)\\&=ce^{-\frac{R}{L}t}+\frac{E_0}{\sqrt{R^2+\omega^2L^2}}\sin(\omega t-\delta)\quad\left(\delta=\tan^{-1}\frac{\omega L}{R}\right)\end{aligned}$$

이다. 위 식에서 첫 번째 항은 $t\to\infty$일 때 0이 되므로 이것은 조화진동(調和振動)을 의미한다(그림 1-8 참조).

$t=0$일 때 $i=0$이면 c는

$$c=\frac{E_0}{\sqrt{R^2+\omega^2L^2}}\sin\delta$$

이다. ■

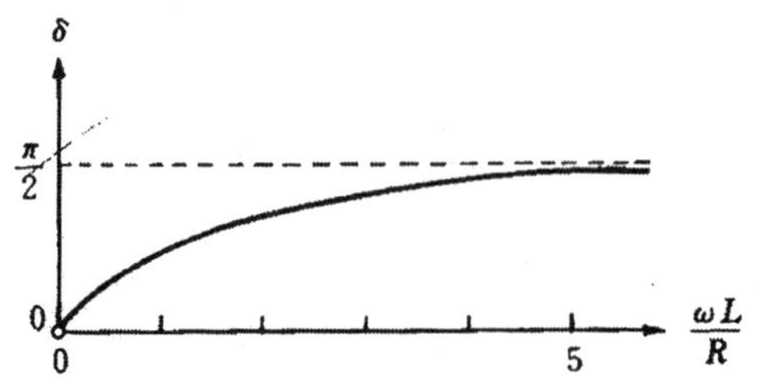

[그림 1-8]

연습문제

1. 미분방정식의 계수와 차수를 구하여라.

(1) $y' + (xy - \cos x) = 0$

(2) $y' + x = (y - xy')^{-3}$

(3) $\dfrac{d^2v}{dx^2}\dfrac{dv}{dx} + x\left(\dfrac{dv}{dx}\right)^2 + v = 0$

(4) $L\dfrac{d^2q}{dt^2} + R\dfrac{dq}{dt} + \dfrac{q}{C} = 0$

(5) $y''' + xy'' + 2y(y')^2 + xy = 0$

(6) $\sqrt{\rho' + \rho} = \sin\theta$

2. 방정식에서 임의 상수 C_1, C_2를 소거하여 미분방정식을 구하여라.

(1) $y = C_1x + C_2x^2$

(2) $xy = C_1e^x + C_2e^{-x}$

(3) $y = C_1\cos x + C_2\sin x$

(4) $x^2 + y^2 + 2C_1x + 2C_2y = 0$

(5) $y = C_1x + C_2x^{-1}$

(6) $y = C_1\sin(\omega x + C_2)$

3. $z = f(y/x)$에서 얻어지는 미분방정식을 구하여라.

4. 법선의 x절편 및 y절편의 합이 3인 곡선의 미분방정식을 구하여라.

5. x축상에 중심을 가지고 원점을 지나는 원군의 미분방정식을 구하여라.

6. 미분방정식을 풀어라.

(1) $dx - xdy = 0$

(2) $dy = \sqrt{1-y^2}\,dx$

(3) $y' + (y-1)\cos x = 0$

(4) $(1+x^2)y^3 + (1-y^2)xy' = 0$

(5) $y' + e^x y = e^x y^2$

(6) $yy' = xe^{x^2+y^2}$

7. 미분방정식이 점 (0, 1)을 지나는 해를 구하여라.

(1) $\sin x \cos^2 y dx = \cos^2 x dy$

(2) $\sqrt{1+x}\,dy = (1+y^2)dx$

(3) $(1+x)y' = 1+y$

8. 미분방정식은 어떤 변수변환에 의해서 변수분리형이 되는가?

(1) $(x+y)^2 y' = a^2$ (a는 상수)

(2) $y' = f(ax+by+c)$ (a, b, c는 상수)

9. 미분방정식을 풀어라.

(1) $(x+y) + (x-y)y' = 0$

(2) $xdy - (y + \sqrt{x^2-y^2})dx = 0$

(3) $(x+y)dx + (3x+3y-4)dy = 0$

(4) $(2x-5y+3)dx + (-2x-4y+6)dy = 0$

(5) $\left(2x\sinh\frac{y}{x} + 3y\sinh\frac{y}{x}\right)dx - 3x\sinh\frac{y}{x}dy = 0$

(6) $(1+2e^{\frac{x}{y}})dx + 2e^{\frac{x}{y}}\left(1-\frac{x}{y}\right)dy = 0$

10. 미분방정식을 ( ) 내의 초기조건하에서 풀어라.

(1) $2xy - (3x^2+y^2)y' = 0$ (0, 1)

(2) $(y+3x) + xy' = 0$ (1, 3/2)

11. 미분방정식을 풀어라.

(1) $y' = x - y$

(2) $y' + y = x^2$

(3) $y' - xy = x$

(4) $y' + y\cos x = e^{-\sin x}$

(5) $2yy' - y^2x^{-2} = e^{\frac{x^2-1}{x}}$ $\quad$ ($y^2 = u$로 할 것)

(6) $y' + 2xy + xy^4 = 0$

(7) $y' + y = y^2(\cos x - \sin x)$

(8) $xdy - \{y + xy^3(1 + \ln x)\}dx = 0$

12. 전미분방정식을 풀어라.

(1) $(4x^3y^3 - 2xy)dx + (3x^4y^2 - x^2)dy = 0$

(2) $(3e^{3x}y - 2x)dx + e^{3x}dy = 0$

(3) $(\cos y + y\cos x)dx + (\sin x - x\sin y)dy = 0$

(4) $(6x^5y^3 + 4x^3y^5)dx + (3x^6y^2 + 5x^4y^4)dy = 0$

(5) $2x(ye^{x^2} - 1)dx + e^{x^2}dy = 0$

(6) $(y^2 + e^x\sin y)dx + (2xy + e^x\cos y)dy = 0$

13. 전미분방정식 $P(x, y)dx + Q(x, y)dy = 0$은 초기조건 (x_0, y_0)에서 특해는 다음과 같음을 증명하여라.

$$\int_{x0}^{x} P(x, y)dx + \int_{y0}^{y} Q(x_0, y)dy = 0$$

14. 미분방정식을 ( ) 내의 초기조건에서 풀어라.

(1) $(x^3 + 5xy^2)dx + (5x^2y + 2y^3)dy = 0$ $\quad$ (1, 1)

(2) $(y^2 + e^x\sin y)dx + (2xy + e^x\cos y)dy = 0$ $\quad$ (0, 0)

15. 미분방정식의 적분인수를 구하고, 풀어라.

(1) $(x^2y-y^2)dx-x^3dy=0$

(2) $xdy-ydx-2(x^2+y^2)dx=0$

(3) $(x^3e^xy^2-2x+2y)dx+(2x^3e^xy-x)dy=0$

(4) $(x^2+\ln y)dx+\dfrac{x}{y}dy=0$

(5) $y(2xy+1)dx+x(1+2xy-x^3y^3)dy=0$

(6) $y^2dx+x(xdy-ydx)=0$

16. $P(x, y)dx+Q(x, y)dy=0$이 동차형이고 $xP(x, y)+yQ(x, y)\neq 0$이면 적분인수 $\mu(x, y)$는

$$\mu(x, y)=\frac{1}{xP(x, y)+yQ(x, y)}$$

임을 증명하여라.

17. $P(x, y)dx+Q(x, y)dy=0$을 $yf(xy)dx+xg(xy)dy=0$의 형으로 쓸 수 있을 때 적분인수 $\mu(x, y)$는 다음과 같음을 증명하여라.

$$\mu(x, y)=\frac{1}{xy\{f(xy)-g(xy)\}}=\frac{1}{xP(x, y)-yQ(x, y)}$$

18. 다음 미분방정식을 풀어라($p=y'$).

(1) $p^2-p=0$

(2) $a^2p^2=y$

(3) $x^2p^2+3xyp+2y^2=0$

(4) $x^2p^2-3x^2y^3p+2p-6y^3=0$

(5) $xy^2p(p^2+2)=2y^3p^2+x^3p$

(6) $p^4-(x+2y+1)p^3+(x+2y+2xy)p^2-2xyp=0$

19. 미분방정식을 풀어라.

(1) $y=px+\sqrt{1+p^2}$

(2) $y = px + \ln p$

(3) $y = px + a^2 p^{-1}$

(4) $y = (x+1)p - p^2$

(5) $y + xp + 2x^4 p^2 = 0$

(6) $y = 2xp - 2yp^2$

(7) $y = (x+1)p^2$

(8) $y = 2xp + 2p^2$

(9) $y = 2xp - p^2$

(10) $y = x(1+p) + p^2$

1-2 고계 미분방정식

1. $y^{(n)}$와 x만을 갖는 미분방정식

$$\frac{d^n y}{dx^n} = f(x) \tag{1-44}$$

의 형인 n계 미분방정식은 양변을 n회 적분하여 일반해를 구한다. 즉 y는

$$y = \int dx \int dx + \cdots\cdots + \int f(x)dx + c_1 x^{n-1} + c_2 x^{n-2} + \cdots\cdots + c_{n-1}x + c_n$$

이다. 또 초기조건 $x = x_0$, $y = y_0$, $y' = y_0'$, ……, $y^{(n-1)} = y_0^{(n-1)}$을 만족하는 특해는

$$y = \int_{x0}^{x} dx \int_{x0}^{x} dx \cdots\cdots \int_{x0}^{x} f(x)dx + \frac{y_0^{(n-1)}}{(n-1)!}(x - x_0)^{n-1}$$
$$+ \frac{y_0^{(n-2)}}{(n-2)!}(x - x_0)^{n-2} + \cdots\cdots + y'(x - x_0) + y_0$$

이다. 위의 식 우변의 제1항은

$$\int_{x0}^{x} dx \int_{x0}^{x} dx \cdots\cdots \int_{x0}^{x} f(x)dx = \frac{1}{(n-1)!}\int_{x_0}^{x} f(t)(x-t)^{n-1}dt$$

로 단 1회 적분으로 표시되고, 수학적 귀납법으로 증명된다.

예 1-26 $y'' = 12x$를 풀고, $x = 0$일 때 $y = 1$, $y' = -1$인 특해를 구하여라.

• **풀이** • 원방정식을 2회 적분하면

$$y' = 6x^2 + c_1$$
$$y = 2x^3 + c_1 x + c_2$$

이다. 이 식이 일반해이다. 위의 식에 초기조건을 대입하면

$$c_1 = -1$$
$$c_2 = 1$$

이 되므로 특해는 $y = 2x^3 - x + 1$이다. ■

2. y''와 y만을 갖는 미분방정식

$$y'' = f(y) \tag{1-45}$$

의 미분방정식을 풀기 위해 $p = dy/dx$라 하면

$$\frac{d^2y}{dx^2} = \frac{dp}{dx} = \frac{dp}{dy} \cdot \frac{dy}{dx} = p\frac{dp}{dy}$$

가 되므로 식 (1-45)는

$$p\frac{dp}{dy} = f(y)$$

에서

$$pdp = f(y)dy$$

이다. 적분하면

$$\frac{1}{2}p^2 = \int f(y)dy + c$$

에서

$$p = \frac{dy}{dx} = \pm\sqrt{2\int f(y)dy + c_1} \qquad (c_1 = 2c)$$

가 된다. 다시 적분하면 일반해는 다음과 같다.

$$\pm\int \frac{dy}{\sqrt{2\int f(y)dy + c_1}} = x + c_2$$

예 1-27 $y'' + ay = 0$을 풀어라.

• 풀이 • $p = y'$일 때 $y'' = pdp/dy$이므로 원식은

$$p\frac{dp}{dy} + ay = 0$$

에서

$$pdp + aydy = 0$$

이다. 적분하면

$$p^2 + ay^2 = C$$
$$\left(\frac{dy}{dx}\right)^2 + ay^2 = C$$

이다.

① $a > 0$일 때 $\sqrt{a} = b$라 하면

$$\left(\frac{dy}{dx}\right)^2 + b^2y^2 = C_1^2 \qquad (C = C_1^2)$$

에서

$$\frac{dy}{dx} = \pm\sqrt{C_1^2 - b^2y^2}$$

이다. 적분하면

$$x = \pm\int\frac{dy}{\sqrt{c_1^2 - b^2y^2}} + C_2 = \pm\frac{1}{b}\sin^{-1}\frac{by}{C_1} + C_2$$
$$\frac{by}{C_1} = \pm\sin b(x - C_2)$$

이므로 일반해는

$$y = a\sin b(x - C_2) \qquad (a = C_1/b)$$

이다.

② $a < 0$일 때 $\sqrt{-a} = b$라 하면

$$\left(\frac{dy}{dx}\right)^2 - b^2y^2 = C$$

에서

$$\frac{dy}{dx} = \pm\sqrt{C+b^2y^2}$$

이다. 다시 적분하면

$$x = \pm\int\frac{dy}{\sqrt{b^2y^2+C}} + C'$$
$$= \frac{1}{b}\ln\left(by \pm \sqrt{b^2y^2+C}\right) + C'$$

가 된다. 이 식을 한 식으로 변형하기 위해서

$$by + \sqrt{b^2y^2+C} = C_1'e^{bx} \qquad (C_1' = e^{C'}) \cdots\cdots ①$$

라 하면,

$$by - \sqrt{b^2y^2+C} = -\frac{C}{C_1'}e^{-bx} \cdots\cdots ②$$

이다. ①식과 ②식을 더하면 일반해는

$$y = Ae^{bx} + Be^{-bx} \qquad (A = C_1'/b,\ B = -C_1'/bC)$$

이다. ■

3. $y^{(n)}$와 $y^{(n-1)}$만을 갖는 미분방정식

$$y^{(n)} = f\left(y^{(n-1)}\right) \tag{1-46}$$

의 미분방정식을 풀기 위해서 $y^{(n-1)} = p$라 두면 식 (1-46)의 방정식은 $\dfrac{dp}{dx} = f(p)$에서

$$\frac{dp}{f(p)} = dx$$

로 된다. 위의 식을 적분하면

$$\int\frac{dp}{f(p)} = x + C \tag{1-47}$$

이다. 식 (1-47)을 p에 대해서 $p = G(x+C)$라 하고 이 식을 $(n-1)$회 적분하면 일반해를 구할 수 있다.

예 1-28 $y^{(3)} + ay'' = 0$의 일반해를 구하여라.

• **풀이** • 원방정식에서 $y'' = p$라 하면 원방정식은 $\dfrac{dp}{dx} + ap = 0$이다. 이 식에서

$$\ln p + ax = C'$$
$$p = C_1 e^{-ax} \qquad (C_1 = e^{C'})$$

로 되고 $p = y''$이므로 $\dfrac{d^2y}{dx^2} = C_1 e^{-ax}$에서

$$\frac{dy}{dx} = -\frac{C_1}{a} e^{-ax} + C_2$$
$$y = \frac{C_1}{a^2} e^{-ax} + C_2 x + C_3$$

이므로 구하는 일반해는

$$y = Ae^{-ax} + Bx + C \qquad (A = C_1/a^2,\ B = C_2,\ C = C_3)$$

이다. ■

예 1-29 $(1+y'^2)^{3/2} = ay''$의 일반해를 구하여라.

• **풀이** • 원방정식에서 $y' = p$라 하면 원방정식은 $(1+p^2)^{3/2} = a\dfrac{dp}{dx}$이다. 이 식에서

$$\frac{dx}{dp} = \frac{a}{(1+p^2)^{3/2}}$$
$$\frac{dy}{dp} = \frac{dy}{dx} \cdot \frac{dx}{dp} = \frac{ap}{(1+p^2)^{3/2}}$$

이다. 위의 두 식을 적분하면

$$x = \frac{ap}{\sqrt{1+p^2}} + C_1$$
$$y = -\frac{a}{\sqrt{1+p^2}} + C_2$$

이다. 여기서 p를 소거하면 일반해는

$$(x-C_1)^2+(y-C_2)^2=a^2$$

이다. ■

4. $y^{(n)}$와 $y^{(n-2)}$만을 갖는 미분방정식

$$\frac{d^m y}{dx^n}=f\left(\frac{d^{m-2}y}{dx^{n-2}}\right) \tag{1-48}$$

의 미분방정식을 풀기 위해 $y^{(n-2)}=p$라 하면 식 (1-48)의 방정식은

$$\frac{d^2p}{dx^2}=f(p)$$

로 되며, 양변에 $2\frac{dp}{dx}$를 곱하면 $2\frac{dp}{dx}\frac{d^2p}{dx^2}=2f(p)\frac{dp}{dx}$에서

$$\left(\frac{dp}{dx}\right)^2=\int 2f(p)dp+C$$

$$\frac{dp}{dx}=\pm\sqrt{2\int f(p)dp+C}=g(p)$$

이다. 이 식을 적분하면

$$x=\int\frac{dp}{g(p)}+C_1$$

이다. 이 식을 p에 대해서 풀어서 $p=\phi(x)$라 하면

$$\frac{d^{m-2}y}{dx^{n-2}}=\phi(x)$$

가 되므로 이 식을 $(n-2)$회 적분하면 일반해가 구해진다.

예 1-30 $y^{(4)}+a^2y''=0\,(a\neq 0)$의 해를 구하여라.

• **풀이** • 원방정식에서 $y''=p$라 하면 $\dfrac{d^2p}{dx^2}=-a^2p$이다. 이 식에서

$$2\frac{dp}{dx}\frac{d^2p}{dx^2}=-2a^2p\frac{dp}{dx}$$

가 된다. 위의 식을 적분하면

$$\left(\frac{dp}{dx}\right)^2=-a^2p^2+C_1=a^2\left(\frac{C_1}{a^2}-p^2\right)$$

$$\frac{dp}{dx}=\pm a\sqrt{C^2-p^2} \qquad (C^2=C_1/a^2)$$

이고 다시 적분하면 $\pm\sin^{-1}\dfrac{p}{C}=ax+C_2$에서

$$\frac{d^2y}{dx^2}=\pm C\sin(ax+C_2)$$

이다. 위의 식을 2회 적분하면

$$\frac{dy}{dx}=\mp\frac{C}{a}\cos(ax+C_2)+C_3$$

$$y=\mp\frac{C}{a^2}\sin(ax+C_2)+C_3x+C_4$$

이다. 그러므로 구하는 일반해는

$$y=A\sin(ax+C_2)+Bx+C$$

가 된다. ■

5. y를 갖지 않는 미분방정식

n계 미분방정식

$$f(x,y',y'',\cdots\cdots,y^{(n)})=0 \tag{1-49}$$

을 풀기 위해 $y'=p$라 하면 식 (1-49)는

$$f(x,p,p',\cdots\cdots,p^{(n-1)})=0 \tag{1-50}$$

로 되어 계수가 하나 감소한 $(n-1)$계 미분방정식이 된다. 식 (1-50)의 일반해를

$$p = F(x,\ C_1,\ C_2,\ \cdots\cdots,\ C_{n-1})$$

이라 하면 식 (1-49)의 일반해는

$$y = \int F(x,\ C_1,\ C_2,\ \cdots\cdots,\ C_{n-1})\,dx + C_n$$

으로 된나.

예 1-31 $(1+x^2)y'' + 1 + y'^2 = 0$의 해를 구하여라.

• **풀이** • 원방정식에서 $y' = p$라 하면 $(1+x^2)\dfrac{dp}{dx} + (1+p^2) = 0$이다. 이 식에서

$$\frac{dp}{1+p^2} + \frac{dx}{1+x^2} = 0$$

가 된다. 위의 식을 적분하면 $\tan^{-1}p + \tan^{-1}x = C$에서

$$p = \tan(C - \tan^{-1}x) = \frac{\tan C - x}{1 + x\tan C}$$

이다. 위의 식에서 임의 상수 $\tan C = \dfrac{1}{A}$이라 하면 $\dfrac{dy}{dx} = \dfrac{1-Ax}{x+A}$에서

$$y = (A^2+1)\ln(x+A) - Ax + B$$

이다. ■

6. x를 갖지 않는 미분방정식

n계 미분방정식

$$f(y,\ y',\ y'',\ \cdots\cdots,\ y^{(n)}) = 0 \tag{1-51}$$

을 풀기 위해서 $y' = p$로 두고 $y', y'', y''', \cdots\cdots, y^{(n)}$을 y와 p로 표시하면

$$\frac{dy}{dx} = p$$

$$\frac{d^2y}{dx^2} = \frac{dp}{dx} = \frac{dp}{dy}\frac{dy}{dx} = p\frac{dp}{dy}$$

$$\frac{d^3y}{dx^3} = \frac{d}{dy}\left(p\frac{dp}{dy}\right)\frac{dy}{dx} = \frac{d^2p}{dy^2}p^2 + \left(\frac{dp}{dy}\right)^2 p = \left[\frac{d^2p}{dy^2}p + \left(\frac{dp}{dy}\right)^2\right]p$$

…………………………………………………………………………

이므로 식 (1-51)은

$$f\left(y,\ p,\ p\frac{dp}{dy},\ \left[\frac{d^2p}{dy^2}p + \left(\frac{dp}{dy}\right)^2\right]p\cdots\cdots\right) = 0$$

으로 되어 계수가 하나 감소한 $(n-1)$계 미분방정식으로 된다.

예 1-32 $yy'' + 1 + y'^2 = 0$의 해를 구하여라.

• 풀이 • $y' = p$라 하면 $\frac{d^2y}{dx^2} = p\frac{dp}{dy}$가 되므로 원방정식은 $yp\frac{dp}{dy} + (1+p^2) = 0$에서

$$\frac{dy}{y} + \frac{pdp}{p^2+1} = 0$$

으로 된다. 위의 식을 적분하면 $y^2(p^2+1) = c^2$에서

$$p = \frac{dy}{dx} = \pm\frac{\sqrt{c^2-y^2}}{y}$$

$$\pm\frac{ydy}{\sqrt{c^2-y^2}} - dx$$

이고 다시 적분하면 $\mp\sqrt{c^2-y^2} = x+b$에서

$$(x+b)^2 + y^2 = c^2$$

이다. ■

예 1-33 곡률반경이 일정한 곡선의 미분방정식을 구하여라.

• 풀이 • 곡선의 방정식을 $y = f(x)$라 하면 곡률반경은

$$\frac{(1+y'^2)^{3/2}}{y''}$$

이므로 다음의 미분방정식이 얻어진다.

$$\frac{(1+y'^2)^{3/2}}{y''}=a\text{에서}$$

$$(1+y'^2)^{3/2}=ay'' \cdots\cdots①$$

이다. $y'=p$라 하면 $y''=\dfrac{dp}{dx}$가 되므로 위의 방정식은 $(1+p^2)^{3/2}=a\dfrac{dp}{dx}$에서

$$\frac{dp}{(1+p^2)^{3/2}}=\frac{1}{a}dx$$

가 된다. 위의 식을 적분하면 $\dfrac{p}{\sqrt{1+p^2}}=\dfrac{x}{a}+c'$ 이므로

$$x-c_1=\frac{ap}{\sqrt{1+p^2}} \qquad (ac'=-c)\ \cdots\cdots②$$

이다. $y'=p$에서 $y''=p\dfrac{dp}{dy}$이므로 ①식은 $(1+p^2)^{3/2}=ap\dfrac{dp}{dy}$에서

$$\frac{ap}{(1+p^2)^{3/2}}dp=dy$$

로 된다. 위의 식을 적분하면

$$y=-\frac{a}{\sqrt{1+p^2}}+c_2\cdots\cdots③$$

가 된다. ②식과 ③식에서 p를 소거하면 일반해는

$$(x-c_1)^2+(y-c_2)^2=a^2$$

이다. ■

7. 동차형 미분방정식

n계 미분방정식

$$f(x,\ y,\ y',\ \cdots\cdots,\ y^{(n)})=0 \tag{1-52}$$

에 임의의 정수 ρ에 대해서 x와 y를 각각 $\rho^\lambda x$, $\rho^\mu y$(λ, μ는 상수)를 식 (1-52)에 대입하였을 때 식의 형이 변하지 않을 때 **동차형**(homogeneous)이라 한다.

(1) 식 (1−52)가 다음의 조건을 만족할 때

$$f(x,\ \rho y,\ \rho y',\ \cdots\cdots,\ \rho y^{(n)}) = \rho^r f(x,\ y,\ y',\ \cdots\cdots,\ y^{(n)}) \quad (\lambda = 0,\ \mu = 1) \tag{1-53}$$

식 (1-52)를 y에 대해 동차(同次)라 한다. 이때 $y = e^t$라 하면

$$y' = \frac{dy}{dt} \cdot \frac{dt}{dx} = e^t \frac{dt}{dx}$$

$$y'' = \frac{d}{dt}\left(e^t \frac{dt}{dx}\right)\frac{dt}{dx} = e^t\left\{\frac{d^2t}{dx^2} + \left(\frac{dt}{dx}\right)^2\right\}$$

…………………………………………………

이므로 식 (1-53)은

$$f\left(x,\ e^t,\ e^t\frac{dt}{dx},\ e^t\left\{\frac{d^2t}{dx^2} + \left(\frac{dt}{dx}\right)^2\right\},\ \cdots\cdots\right)$$

$$= e^{rt} f\left(x,\ 1,\ \frac{dt}{dx},\ \frac{d^2t}{dx^2} + \left(\frac{dt}{dx}\right)^2,\ \cdots\cdots\right)$$

이다. 식 (1-52)는

$$f\left(x,\ 1,\ \frac{dt}{dx},\ \frac{d^2t}{dx^2} + \left(\frac{dt}{dx}\right)^2,\ \cdots\cdots\right) = 0$$

으로 되므로 $\frac{dt}{dx} = p$라 하면 위의 식은 $(n-1)$계 미분방정식으로 된다.

예 1-34 $yy'' - y'^2 - 6xy^2 = 0$의 해를 구하여라.

• **풀이** • 원식에 $y,\ y',\ y''$ 대신 $\sigma y,\ \rho y',\ \rho y''$를 대입하면 $\rho^2(yy'' - y'^2 - 6xy^2) = 0$이 되므로 y에 대한 동차이다. $y = e^t$라 하면

$$y' = e^t \frac{dt}{dx}$$

$$y'' = e^t\left\{\frac{d^2t}{dx^2} + \left(\frac{dt}{dx}\right)^2\right\}$$

이 되므로 원방정식은

$$e^{2t}\left\{\frac{d^2t}{dx^2}+\left(\frac{dt}{dx}\right)^2\right\}-e^{2t}\left(\frac{dt}{dx}\right)^2-6xe^{2t}=0\text{에서}$$

$$\frac{d^2t}{dx^2}=6x$$

되므로 t는 $t=x^3+ax+b$(a, b는 임의 상수)이다. 그러므로 일반해는

$$y=e^t=e^{x^3+ax+b}$$

이다. ■

(2) 식 (1-52)가 다음의 조건을 만족할 때

$$f\left(\rho x,\ y,\ \frac{y'}{\rho},\ \frac{y''}{\rho^2},\ \cdots\cdots,\ \frac{y^{(n)}}{\rho^{(n)}}\right)=\rho^r f(x,\ y,\ y',\ y'',\ \cdots\cdots,\ y^{(n)})$$

$$(\lambda=1,\ \mu=0) \qquad (1\text{-}54)$$

식 (1-52)를 x에 대해 동차(同次)라 한다. 이때 $x=e^t$라 하면

$$y'=\frac{dy}{dt}\cdot\frac{dt}{dx}=e^{-t}\frac{dy}{dt}$$

$$y''=\frac{d}{dt}\left(e^{-t}\frac{dy}{dt}\right)\cdot\frac{dt}{dx}=e^{-2t}\left(\frac{d^2y}{dt^2}-\frac{dy}{dt}\right)$$

$$\cdots\cdots\cdots\cdots\cdots\cdots\cdots\cdots\cdots\cdots\cdots\cdots$$

가 되므로 식 (1-54)는

$$f\left(e^t,\ y,\ e^{-t}\frac{dy}{dt},\ e^{-2t}\left\{\frac{d^2y}{dt^2}-\frac{dy}{dt}\right\},\ \cdots\cdots\right)$$
$$=e^{rt}f\left(1,\ y,\ \frac{dy}{dt},\ \frac{d^2y}{dt^2}-\frac{dy}{dt},\ \cdots\cdots\right)$$

이다. 식 (1-52)는

$$f\left(1,\ y,\ \frac{dy}{dt},\ \frac{d^2y}{dt^2}-\frac{dy}{dt},\ \cdots\cdots\right)=0$$

으로 되므로 $\dfrac{dy}{dt}=p$라 하면 위의 식은 $(n-1)$계 미분방정식이 된다.

예 1-35 $xyy'' + axy'^2 + yy' = 0$의 해를 구하여라.

• 풀이 • x, y', y''에 σx, $\rho^{-1}y'$, $\rho^{-2}y''$를 대입하면 $\rho^{-1}(xyy''+axy'^2+yy')=0$이 되므로 x에 대한 동차이다. $x=e^t$라 하면

$$y' = e^{-t}\frac{dy}{dt}$$

$$y'' = e^{-2t}\left(\frac{d^2y}{dt^2} - \frac{dy}{dt}\right)$$

이 되므로 원방정식은

$$e^t ye^{-2t}\left(\frac{d^2y}{dt^2} - \frac{dy}{dt}\right) + ae^t\left(e^{-t}\frac{dy}{dt}\right)^2 + ye^{-t}\frac{dy}{dt} = 0\text{에서}$$

$$y\frac{d^2y}{dt^2} + a\left(\frac{dy}{dt}\right)^2 = 0$$

이다. $p=\dfrac{dy}{dt}$라 하면 $\dfrac{d^2y}{dt^2}=p\dfrac{dp}{dy}$이므로 $y\dfrac{dp}{dy}+ap=0$이 되고

$$\frac{dp}{p} + \frac{a}{y}dy = 0$$

이므로 적분하면

$$\ln p + a\ln y = \ln c_1, \quad py^a = c_1$$

$$p = \frac{dy}{dt} = \frac{c_1}{y^a}$$

$$\frac{y^{a+1}}{a+1} = c_1 t + c_2$$

이다. 그러므로 구하는 일반해는

$$y^{a+1} = A\ln x + B$$

이다. ■

(3) 식 (1-52)가 다음의 조건을 만족할 때

$$f(\rho x, \rho y, y', \rho^{-1}y'', \cdots\cdots, \rho^{1-n}y^{(n)}) = \rho^r f(x, y, y', \cdots\cdots, y^{(n)})$$

$$(\lambda = \mu = 1) \tag{1-55}$$

식 (1-52)를 $\boldsymbol{x}$, $\boldsymbol{y}$에 대해 동차(同次)라 한다. 이때 $x=e^t$, $y=e^tz$라 하면

$$y'=\frac{dy}{dt}\cdot\frac{dt}{dx}=\left(e^t\frac{dz}{dt}+e^tz\right)e^{-t}=\frac{dz}{dt}+z$$

$$y''=\frac{d}{dt}\left(\frac{dz}{dt}+z\right)\frac{dt}{dx}=e^{-t}\left(\frac{d^2z}{dt^2}+\frac{dz}{dt}\right)$$

$$\cdots\cdots\cdots\cdots\cdots\cdots\cdots\cdots\cdots\cdots\cdots\cdots$$

이므로 식 (1-52)는

$$f\left(e^t,\ e^tz,\ \frac{dz}{dt}+z,\ e^{-t}\left\{\frac{d^2z}{dt^2}+\frac{dz}{dt}\right\},\ \cdots\cdots\right)$$
$$=e^{rt}f\left(1,\ z,\ \frac{dz}{dt}+z,\ \frac{d^2z}{dt^2}+\frac{dz}{dt},\ \cdots\cdots\right)$$

이다. 식 (1-52)는

$$f\left(1,\ z,\ \frac{dz}{dt}+z,\ \frac{d^2z}{dt^2}+\frac{dz}{dt},\ \cdots\cdots\right)=0$$

이 되므로 $\frac{dz}{dt}=p$라 하면 $(n-1)$계 미분방정식이 된다.

예 1-36 $x^3y''-(y-xy')^2=0$의 해를 구하여라.

• 풀이 • x, y, y', y''에 σx, σy, y', $\rho^{-1}y''$를 대입하면 $\rho^2\{x^3y''-(y-xy')^2\}=0$이 되므로 x, y에 대해 동차이다. $x=e^t$, $y=e^tz$라 하면

$$y'=\frac{dz}{dt}+z$$

$$y''=e^{-t}\left(\frac{d^2z}{dt^2}+\frac{dz}{dt}\right)$$

이므로 원방정식은

$$e^{3t}e^{-t}\left(\frac{d^2z}{dt^2}+\frac{dz}{dt}\right)-\left\{e^tz-e^t\left(\frac{dz}{dt}+z\right)\right\}^2=0\text{에서}$$

$$\frac{d^2z}{dt^2}-\left(\frac{dz}{dt}\right)^2+\frac{dz}{dt}=0$$

이고, $p=\dfrac{dz}{dt}$라 하면 $\dfrac{dp}{dt}-p^2+p=0$에서

$$\ln(p-1)-\ln p=t+c_1$$

$$\frac{p-1}{p}=Ae^t \qquad (A=e^{c_1})$$

이다. 위의 식에서

$$p=\frac{dz}{dt}=\frac{1}{1-Ae^t}$$

$$z=\ln\frac{e^t}{1-Ae^t}+B$$

이므로 구하는 일반해는

$$y=x\ln\frac{x}{1-Ax}+Bx$$

이다. ■

8. 완전미분방정식

n계 미분방정식

$$f(x,\, y,\, y',\, \cdots\cdots,\, y^{(n)}) = 0 \tag{1-55}$$

을 적분하여 계수가 하나 낮은 함수

$$g(x,\, y,\, y',\, \cdots\cdots,\, y^{(n-1)}) = 0 \tag{1-56}$$

가 얻어지면 완전미분방정식(exact differential equation)이라 한다. 지금 선형미분방정식

$$P_0(x)y^{(n)}+P_1(x)y^{(n-1)}+\cdots\cdots+P_{n-1}(x)y'+P_n(x)y=Q(x)$$

에 대해서 완전미분방정식의 조건을 구한다. 위의 식을 적분하면

$$\int\left\{P_0(x)y^{(n)}+P_1(x)y^{(n-1)}+\cdots\cdots+P_{n-1}(x)y'+P_n(x)y\right\}dx$$
$$=\int Q(x)dx+c$$

이다. 부분적분에 의하면

$$\int P_{n-1}y'dx = P_{n-1}y - \int P_{n-1}'ydx$$
$$\int P_{n-2}y''dx = P_{n-2}y' - P_{n-2}'y + \int P_{n-2}''ydx$$
$$\cdots\cdots\cdots\cdots\cdots\cdots\cdots\cdots\cdots\cdots\cdots\cdots\cdots$$
$$\int P_0 y^{(n)}dx = P_0 y^{(n-1)} - P_0' y^{(n-2)} + \cdots\cdots$$
$$\cdots\cdots + (-1)^{n-1}P_0^{(n-1)}y + (-1)^n \int P_0^{(n)}ydx$$

가 되므로 위의 식은

$$\begin{aligned} P_0 y^{(n-1)} &+ (P_1 - P_0')y^{(n-2)} + \cdots\cdots + \left\{P_{n-2} - P_{n-3}' + \cdots\cdots + (-1)^{n-2}P_0^{(n-2)}\right\}y' \\ &+ \left\{P_{n-1} - P_{n-2}' + \cdots\cdots + (-1)^{n-1}P_0^{(n-1)}\right\}y \\ &+ \int \left\{P_n - P_{n-1}' + \cdots\cdots + (-1)^n P_0^{(n)}\right\}ydx \\ &= \int Q(x)dx + c \end{aligned}$$

이다. 그런데 식 (1-56)과 같이 되기 위해서는 적분항이 없어야 하므로

$$P_n - P_{n-1}' + P_{n-2}'' + \cdots\cdots + (-1)^n P_0^{(n)} = 0 \tag{1-57}$$

이 되어야 한다. 위의 식을

$$\begin{aligned} q_0(x)y^{(n-1)} &+ q_1(x)y^{(n-2)} + \cdots\cdots + q_{n-2}(x)y' + q_{n-1}(x)y \\ &= \int Q(x)dx + c \end{aligned}$$

라 하면 $q_0(x)$, $q_1(x)$, ……, $q_{n-1}(x)$는

$$q_0 = P_0$$
$$q_1 = P_1 - P_0'$$
$$q_2 = P_2 - P_1' + P_0''$$
$$\cdots\cdots\cdots\cdots\cdots\cdots$$
$$q_{n-1} = P_{n-1} - P_{n-2}' + P_{n-3}'' + \cdots\cdots + (-1)^{n-1}P_0^{(n-1)}$$

이고, 식 (1-57)은 완전미분방정식의 조건식이다.

예 1-37 $(x+3x^2)y''+2(1+6x)y'+6y=\sin x$의 해를 구하여라.

• 풀이 • 원방정식에서 $P_0=x+3x^2$, $P_1=2(1+6x)$, $P_2=6$이므로 식 (1-57)에 의해서 $P_2-P_1'+P_0''=6-12+6=0$이 되므로 완전미분방정식이다. 원방정식의 좌변은

$$(x+3x^2)y''+2(1+6x)y'+6y$$
$$\underline{(x+3x^2)y''+(1+6x)y'}\quad=\{(x+3x^2)y\}'$$
$$(1+6x)y'+6y$$
$$\underline{(1+6x)y'+6y}=\{(1+6x)y\}'$$
$$0$$

$$d\{(x+3x^2)y'\}+d\{(1+6x)y\}=\sin x$$

이므로 적분하면

$$(x+3x^2)y'+(1+6x)y=-\cos x+c$$

이다. 위의 식 좌변은 $d\{(x+3x^2)y\}$이므로 적분하면

$$(x+3x^2)y'=-\sin x+ax+b$$

이다. ■

예 1-38 $xy'''+(x^2+x+3)y''+(4x+2)y'+2y=0$의 해를 구하여라.

• 풀이 • 원식에서 $P_0=x$, $P_1=x^2+x+3$, $P_2=4x+2$, $P_3=2$이므로 식 (1-57)에서 $P_3-P_2'+P_1''-P_0'''=0$이 되므로 완전미분방정식이다. 원식의 좌변은

$$xy'''+(x^2+x+3)y''+(4x+2)y'+2y$$
$$\underline{xy'''+\qquad\qquad y''\qquad\qquad}=(xy'')'$$
$$(x^2+x+2)y''+(4x+2)y'+2y$$
$$\underline{(x^2+x+2)y''+(2x+1)y'\quad}=\{(x^2+x+2)y'\}'$$
$$(2x+1)y'+2y$$
$$\underline{(2x+1)y'+2y}=\{(2x+1)y\}'$$
$$0$$

$$d(xy'')+d\{(x^2+x+2)y'\}+d\{(2x+1)y\}=0$$

이므로 적분하면

$$xy'' + (x^2 + x + 2)y' + (2x+1)y = c_1$$

이다. 유사한 방법으로 풀면

$$xy' + (x^2 + x + 1)y = c_1 x + c_2$$

로 된다.

위의 식은 1계 선형미분방정식이므로

$$y = \frac{1}{x} e^{-\frac{1}{2}x(x+2)} \left[\int (c_1 + c_2 x^{-1}) x e^{\frac{1}{2}x(x+2)} dx + c_3 \right]$$

이다. ■

연습문제

1. 미분방정식을 풀어라.

(1) $y'' = a + bx - cx^2$

(2) $y^{(3)} = \sin x$

(3) $y'' = e^x$

(4) $y^{(3)} = xe^x$

(5) $xy^{(3)} = 1$

(6) $y'' - y + 6 = 0$

2. 직선 위를 운동하는 질점이 x인 점에서 힘 $f(x)$를 받는다고 한다. 이때 질점의 속도를 v라 하면 질점의 전에너지 E는

$$E = \frac{1}{2}mv^2 + \left\{ -\int_a^x f(x)dx \right\}$$

가 일정함을 증명하여라(m은 질점의 질량, a는 상수).

3. 미분방정식을 풀어라.

(1) $y^{(3)} - ay'' = 0$

(2) $y'' = 1 + y'^2$

(3) $(y^{(n)})^2 = 4y^{(n-1)}$

(4) $y' = f(y'')$

(5) $a^2y^{(4)} = y'' \qquad (a \neq 0)$

(6) $y^{(4)} = y''$

4. 미분방정식을 풀어라.

(1) $x^2y'' = 2xy' + x^2$

(2) $(x+1)y'' + y' = 6x^2$

(3) $x^2y'' + y'^2 = 0$

(4) $y'' + 4\cos 2x = 0$

(5) $xy'' + y' = 4x$

(6) $yy'' + y'^2 + 1 = 0$

(7) $yy'' + y'^2 = 1$

(8) $yy'' + y'^2 = y'$

5. 미분방정식을 풀어라.

(1) $yy'' - y'^2 - 2y^2 = 0$

(2) $yy'' - 2y'^2 - y^2 = 0$

(3) $yy'' + y'^2 - yy' = 0$

(4) $y'y''' - 2y''^2 + y'y'' = 0$

(5) $xyy'' - xy'^2 + yy' = 0$

(6) $xy^2y'' + y'(1+y^2) = 0$

(7) $xyy'' + 2xy'^2 + yy' = 0$

(8) $x^4y'' = (y - xy')^3$

6. 미분방정식을 풀어라.

(1) $(x^2-1)y''+4xy'+2y=2x$

(2) $x^3y'''+5x^2y''+(2x-x^3)y'-(2+x^2)y=40x^3-4x^5$

(3) $2yy'''+6y''y'=-x^{-2}$

(4) $(1+3xy^2)y'''+9(y^2+2xyy')y''+18yy'^2+6xy'^3=6$

(5) $2yy'''+2(y+3y')y''+2y'^2=2$

(6) $(x^2+1)y''+4xy'+2y=-\sin x$

1-3 선형미분방정식

1. 선형미분방정식

독립변수 x와 도함수 y', y''에 관한 1차방정식

$$y'' + P(x)y' + Q(x)y = R(x) \tag{1-58}$$

를 2계 선형미분방정식(linear differential equation of order 2)이라 한다.

좌변 $R(x)=0$일 때 **제차방정식**(homogeneous equation), $R(x)\neq 0$일 때 **비제차방정식**(nonhomogeneous equation)이라 한다. 식 (1-58)의 좌변 $y''+P(x)y'+Q(x)y$을 $L(y)$로 표시하면 식 (1-58)은

$$L(y) = R(x) \tag{1-59}$$

이다.

정리 1 $u_1(x)$와 $u_2(x)$가 제차방정식 $L(y)=0$의 해이면 $c_1u_1(x)+c_2u_2(x)$도 $L(y)=0$의 해이다(단 c_1, c_2는 임의 상수).

• 증명 • $u_1(x)$와 $u_2(x)$가 $L(y)=0$의 해이므로 $L\{u_1(x)\}=0$, $L\{u_2(x)\}=0$이다. 다음 $c_1u_1(x)+c_2u_2(x)$도 $L(y)=0$을 만족하여야 하므로

$$\begin{aligned} L\{c_1u_1(x)+c_2u_2(x)\} &= c_1L\{u_1(x)\}+c_2L\{u_2(x)\} \\ &= c_1\times 0+c_2\times 0=0 \end{aligned}$$

그러므로 $c_1u_1(x)+c_2u_2(x)$는 $L(y)=0$의 해이다. ■

예 1-39 $u_1(x)=e^x$, $u_2(x)=e^{2x}$는 미분방정식 $y''-3y'+2y=0$의 해이다. 그러므로 $c_1u_1(x)+c_2u_2(x)$도 그 해이다.

2개의 함수 $u_1(x)$와 $u_2(x)$에 대해서 $\dfrac{u_1(x)}{u_2(x)} \neq$ 상수$(u_2(x) \neq 0)$ 또는 $\dfrac{u_2(x)}{u_1(x)} \neq$ 상수$(u_1(x) \neq 0)$일 때 $u_1(x)$와 $u_2(x)$는 **1차독립**(linearly independent)이라 한다. 다시 말해서 상수 c_1과 c_2에 대해서 $c_1u_1(x) + c_2u_2(x)$가 항등적으로 성립하면 $c_1 = c_2 = 0$임을 의미한다.

예 1-40 x^m과 $x^n (m \neq n)$, $\sin x$와 $\cos x$; e^x와 e^{2x}, e^x와 xe^x는 1차독립이다.

• 풀이 • $\dfrac{x^n}{x^m} \neq$ 상수, $\dfrac{\cos x}{\sin x} \neq$ 상수, $\dfrac{e^{2x}}{e^x} = e^x$, $\dfrac{xe^x}{e^x} = x$

모두 상수가 되지 아니하므로 1차독립이다. ■

정리 2 $u_1(x)$와 $u_2(x)$가 2계 제차방정식 $L(y) = 0$의 1차독립인 해이면 일반해는

$$y = c_1u_1(x) + c_2u_2(x)$$

이다.

일반적으로 비제차방정식에 대해서 다음 정리가 성립하는 것을 증명해 본다.

정리 3 2계 선형미분방정식 $L(y) = R(x)$의 1개의 특해를 $Y_0(x)$, 대응하는 제차방정식 $L(y) = 0$의 일반해를 $u(x, c_1, c_2)$라 하면 $L(y) = R(x)$의 일반해는 $y = u(x, c_1, c_2) + Y_0(x)$이다.

• 증명 • 정리 3의 조건에서

$$L\{Y_0(x)\} = R(x), \quad L\{u(x, c_1, c_2)\} = 0$$
$$L\{u(x, c_1, c_2) + Y_0(x)\} = L\{u(x, c_1, c_2)\} + L\{Y_0(x)\} = R(x)$$

이다. $y = u(x, c_1, c_2) + Y_0(x)$는 임의 상수 c_1, c_2를 가지고 있으므로 $L(y) = R(x)$의 일반해이다.

위의 정리 2와 3을 요약해 보면 다음과 같다.

① 비제차방정식 $L(y) = R(x)$의 1개의 특해 $Y_0(x)$를 구한다.

② 제차방정식 $L(y)=0$의 1차독립인 2개의 해 $u_1(x)$, $u_2(x)$를 구한다.

③ $y=c_1u_1(x)+c_2u_2(x)+Y_0(x)$가 $L(y)=R(x)$의 일반해이다.

예 1-41 $y''+y=1$의 일반해를 구하여라.

• 풀이 • $y=1$이 원방정식의 특해이고, 제차방정식 $y''+y=0$의 해는 $\sin x$, $\cos x$로 1차독립이므로 원방정식의 일반해는

$$y=c_1\cos x+c_2\sin x+1$$

이 된다.

정리 4 $X_0(x)$, $Y_0(x)$가 각 선형미분방정식

$$y''+P(x)y'+Q(x)y=R(x)$$
$$y''+P(x)y'+Q(x)y=S(x)$$

의 해이면 $X_0(x)+Y_0(x)$는 선형미분방정식

$$y''+P(x)y'+Q(x)y=R(x)+S(x)$$

의 해이다. 일반적으로 종속변수 y와 도함수 y', y'', ……, $y^{(n)}$에 대한 1차 방정식

$$L(y)=y^{(n)}+P_1(x)y^{(n-1)}+\cdots\cdots+P_{n-1}y'+P_n(x)y=R(x) \quad (1\text{-}60)$$

을 **n계 선형미분방정식**(linear differential equation of order n)이라 하며, 식 (1-60)에 대해서도 정리 1, 2, 3, 4가 성립한다.

정리 5 $u_1(x)$, $u_2(x)$, ……, $u_n(x)$가 n계 선형 재차방정식 $L(y)=0$의 해이고, 1차독립이면 그 일반해는

$$y=c_1u_1(x)+c_2u_2(x)+\cdots\cdots+c_nu_n(x)$$

이다.

정리 5에서 n개의 해가 1차독립임을 다음과 같이 정의한다. 임의 상수 c_1, c_2, ……, c_n에 대해서

$$c_1u_1(x)+c_2u_2(x)+\cdots\cdots+c_nu_n(x)=0$$

이 항등적으로 성립하기 위해서 $c_1=c_2=\cdots\cdots=c_n=0$일 때 $u_1(x)$, $u_2(x)$, ……, $u_n(x)$는 1차독립이다.

예 1-42 다음 n개의 함수는 1차독립임을 증명하여라.

① $1,\ x,\ x^2,\ \cdots\cdots,\ x^{n-1}$

② $e^x,\ xe^x,\ x^2e^x,\ \cdots\cdots,\ x^{n-1}e^x$

• **풀이** • ① $c_1\cdot 1+c_2\cdot x+\cdots\cdots+c_nx^{n-1}=0$이 항등적으로 성립하면 미정계수법(未定係數法)에 의해서 $c_1=c_2=\cdots\cdots=c_n=0$이므로 1차독립이다.

② $c_1e^x+c_2xe^x+\cdots\cdots+c_nx^{n-1}e^x=e^x\left(c_1+c_2x+\cdots\cdots+c_nx^{n-1}\right)=0$이 항등적으로 성립하면 $c_1=c_2=\cdots\cdots=c_n=0$이므로 1차독립이다. ■

2. 미분연산자

x의 어떤 함수 y를 미분하여 그 도함수를 $\dfrac{dy}{dx}$라 할 때 이것을 문자 D로 표시하면

$$Dy=\frac{dy}{dx}=y' \tag{1-61}$$

이고, 식 (1-61)에서 $D=\dfrac{d}{dx}$로 미분의 연산을 의미하므로 **미분연산자**(differential operator)라 한다. 예를 들면

$$D(x^2)=2x$$
$$D(\sin x)=\cos x$$
$$D(e^{3x}+\cos x)=3e^{3x}-\sin x$$

이다. D를 이용하면 y'', y''', ……, $y^{(n)}$는

$$Dy=y',\ D^2y=D(Dy)=y'',\ D^3y=y''',\ \cdots\cdots,\ D^ny=y^{(n)}$$

로 된다. 위의 정의에 의해서 연산자 D^2+4D-5의 의미는

$$(D^2+4D-5)y = D^2y+4Dy-5y = y''+4y'-5y$$

이다. 일반적으로 연산자 $D^n + a_1D^{n-1} + a_2D^{n-2} + \cdots\cdots + a_{n-1}D + a_n$의 의미는

$$\begin{aligned}&(D^n + a_1D^{n-1} + a_2D^{n-2} + \cdots\cdots a_{n-1}D + a_n)y \\ &\qquad = y^{(n)} + a_1y^{(n-1)} + a_2y^{(n-2)} + \cdots\cdots + a_{n-1}y' + a_ny\end{aligned}$$

이다. 그리고 연산자 $D-\alpha_1$과 $D-\alpha_2$의 곱의 의미는

$$\begin{aligned}(D-\alpha_1)(D-\alpha_2)y &= (D-\alpha_1)(Dy-\alpha_2y) \\ &= D(Dy-\alpha_2y)-\alpha_1(Dy-\alpha_2y) \\ &= D^2y-(\alpha_1+\alpha_2)Dy+\alpha_1\alpha_2y\end{aligned}$$

로 되지만 이것은 $(D-\alpha_1)(D-\alpha_2)y = \{D^2-(\alpha_1+\alpha_2)D+\alpha_1\alpha_2\}y$임을 의미한다. 즉

$$\begin{aligned}&(D-\alpha_1)(D-\alpha_2) = D^2-(\alpha_1+\alpha_2)D+\alpha_1\alpha_2 \\ &(D-\alpha_1)(D-\alpha_2)(D-\alpha_3) = D^3-(\alpha_1+\alpha_2+\alpha_3)D^2 \\ &\qquad\qquad +(\alpha_1\alpha_2+\alpha_2\alpha_3+\alpha_3\alpha_1)D-\alpha_1\alpha_2\alpha_3\end{aligned}$$

이다. 미분연산자의 적은 교환 가능하다는 것을 의미하므로 위의 식은

$$(D-\alpha_1)(D-\alpha_2) = (D-\alpha_2)(D-\alpha_1) \tag{1-62}$$

이다. 미분연산자 $f(D)$를

$$f(D) = D^n + a_1D^{n-1} + a_2D^{n-2} + \cdots\cdots + a_{n-1}D + a_n$$

이라 하면 D에 대한 다항식이 인수분해되어

$$f(D) = (D-\alpha_1)(D-\alpha_2)\cdots\cdots(D-\alpha_n)$$

으로 된다고 한다. 지금 2개의 미분연산자 $f(D)$와 $g(D)$를

$$\begin{aligned}f(D) &= D^n + a_1D^{n-1} + \cdots\cdots + a_{n-1}D + a_n \\ &= (D-\alpha_1)(D-\alpha_2)\cdots\cdots(D-\alpha_n) \\ g(D) &= D^m + b_1D^{m-1} + \cdots\cdots + b_{m-1}D + b_n\end{aligned}$$

$$= (D-\beta_1)(D-\beta_2)\cdots\cdots(D-\beta_n)$$

이라 할 때 연산자 $f(D)$와 $g(D)$의 곱 $f(D)\cdot g(D)$에서 $(D-\alpha_i)$와 $(D-\beta_j)$의 형은 식 (1-62)에서 교환 가능하므로

$$f(D)g(D) = g(D)f(D)$$

이다.

정리 6 미분연산자는 다음의 관계가 성립한다.

$$f(D)e^{\alpha x} = f(\alpha)e^{\alpha x} \tag{1-63}$$

$$f(D)\left[e^{\alpha x}F(x)\right] = e^{\alpha x}f(D+\alpha)F(x) \tag{1-64}$$

• 증명 • 1) 식 (1-63)의 증명

$De^{\alpha x} = \alpha e^{\alpha x}$, $D^2e^{\alpha x} = \alpha^2 e^{\alpha x}$, ……, $D^n e^{\alpha x} = \alpha^n e^{\alpha x}$이므로

$$\begin{aligned} f(D)e^{\alpha x} &= (D^n + a_1 D^{n-1} + \cdots\cdots + a_{n-1}D + a_n)e^{\alpha x} \\ &= (\alpha^n + a_1\alpha^{n-1} + a_2\alpha^{n-2} + \cdots\cdots + a_{n-1}\alpha + a_n)e^{\alpha x} \\ &= f(\alpha)e^{\alpha x} \end{aligned}$$

가 된다.

2) 식 (1-64)의 증명

$$D\left[e^{\alpha x}F(x)\right] = \alpha e^{\alpha x}F(x) + e^{\alpha x}DF(x) = e^{\alpha x}(D+\alpha)F(x)$$

$$D^2\left[e^{\alpha x}F(x)\right] = D\left[e^{\alpha x}(D+\alpha)F(x)\right] = e^{\alpha x}(D+\alpha)\left[(D+\alpha)F(x)\right]$$

……………………………………………………………………………

$$D^n\left[e^{\alpha x}F(x)\right] = e^{\alpha x}(D+\alpha)^n F(x)$$

로 된다. 그러므로

$$\begin{aligned} f(D)\left[e^{\alpha x}F(x)\right] &= (D^n + a_1D^{n-1} + a_2D^{n-2} + \cdots\cdots + a_{n-1}D + a_n)\left[e^{\alpha x}F(x)\right] \\ &= e^{\alpha x}\left[(D+\alpha)^n + a_1(D+\alpha)^{n-1} + \cdots\cdots + a_{n-1}(D+\alpha) + a_n\right]F(x) \\ &= e^{\alpha x}f(D+\alpha)F(x) \end{aligned}$$

가 된다. ■

예 1-43 다음을 풀어라.

① $(D^2-3D+2)e^{5x}$

② $(D^2-3D+2)e^{5x}\cos x$

• 풀이 • ① 식 (1-63)에 의해서

$$(D^2-3D+2)e^{5x}=(5^2-3\times5+2)e^{5x}=12e^{5x}$$

② 식 (1-64)에 의해서

$$\begin{aligned}(D^2-3D+2)e^{5x}\cos x&=e^{5x}\{(D+5)^2-3(D+5)+2\}\cos x\\&=e^{5x}(D+4)(D+3)\cos x\\&=e^{5x}(D+4)(-\sin x+3\cos x)\\&=e^{5x}(11\cos x-7\sin x)\end{aligned}$$ ■

3. 정수계수의 제차미분방정식

n계 선형미분방정식

$$y^{(n)}+a_1y^{(n-1)}+\cdots\cdots+a_{n-1}y'+a_ny=R(x) \tag{1-65}$$

에서 a_1, a_2, ……, a_n이 상수일 때 **정수계수의 선형미분방정식**(linear differential equation with constant coefficients)이라 하고, 특히 $R(x)=0$일 때 **정수계수의 제차미분방정식**이라 한다. 이 제차방정식을 연산자로 표시하면

$$\begin{aligned}f(D)y&=(D^n+a_1D^{n-1}+a_2D^{n-2}+\cdots\cdots+a_{n-1}D+a_n)y\\&=0\end{aligned}$$

이 된다.

위의 $f(D)$가 D의 간단한 다항식의 경우 제차방정식의 일반해를 구한다.

정리 7 제차방정식 $f(D)y=0$은 다음의 일반해를 갖는다.

1) $(D-\alpha)^ny=0$일 때 일반해는

$$y = (c_1 + c_2 x + \cdots\cdots + c_n x^{n-1}) e^{\alpha x} \tag{1-66}$$

이다.

2) $(D^2 + aD + b)^n y = 0$ (단 $a^2 - 4b < 0$)일 때 일반해는

$$\begin{aligned} y = &(b_1 + b_2 x + \cdots\cdots + b_n x^{n-1}) e^{\lambda x} \sin \mu x \\ &+ (c_1 + c_2 x + \cdots\cdots + c_n x^{n-1}) e^{\lambda x} \cos \mu x \end{aligned} \tag{1-67}$$

이다(단 $\lambda \pm i\mu$는 $D^2 + aD + b = 0$의 근).

• 증명 • 1) 식 (1-66)의 증명

제차방정식 $D^n y = 0$을 n회 적분하면 일반해는

$$y = c_1 + c_2 x + \cdots\cdots + c_n x^{n-1}$$

이다. 식 (1-65)에서 $D^n [e^{-\alpha x} y] = e^{-\alpha x} (D-\alpha)^n y$이므로 $(D-\alpha)^n y = 0$은

$$D^n [e^{-\alpha x} y] = 0$$

으로 된다. 이 방정식의 일반해는

$$e^{-\alpha x} = c_1 + c_2 x + \cdots\cdots + c_n x^{n-1}$$

$$y = (c_1 + c_2 x + \cdots\cdots + c_n x^{n-1}) e^{\alpha x}$$

이다.

2) 식 (1-67)의 증명

$$(D^2 + aD + b) = (D-\alpha)(D-\beta) \qquad (\alpha = \lambda + i\mu,\ \beta = \lambda - i\mu)$$

이므로 $(D-\alpha)^n y = 0$의 해는

$$(D^2 + aD + b)^n y = (D-\beta)^n (D-\alpha)^n y = 0$$

의 해이고, $(D-\beta)^n y = 0$의 해는

$$(D^2 + aD + b)^n y = (D-\alpha)^n (D-\beta)^n y = 0$$

의 해인데 $(D-\alpha)^n y = 0$과 $(D-\beta)^n y = 0$의 일반해는

$$y = (a_1 + a_2 x + \cdots\cdots + a_n x^{n-1}) e^{\alpha x}$$

$$y=(d_1+d_2x+\cdots\cdots+d_nx^{n-1})e^{\beta x}$$

이고, 그 합

$$y=(a_1+a_2x+\cdots\cdots+a_nx^{n-1})e^{\alpha x}+(d_1+d_2x+\cdots\cdots+d_nx^{n-1})e^{\beta x}$$

는 $(D^2+aD+b)^n y=0$의 해다. 이 해는 $2n$개의 임의 상수를 가지고 있으므로 일반해이나 α, β는 복소수이므로 실수의 함수로 표시되는 일반해를 얻기 위해서 오일러 공식을 이용하면 $e^{\alpha x}$, $e^{\beta x}$

$$e^{\alpha x}=e^{\lambda x+i\mu x}=e^{\lambda x}(\cos\mu x+i\sin\mu x)$$
$$e^{\beta x}=e^{\lambda x-i\mu x}=e^{\lambda x}(\cos\mu x-i\sin\mu x)$$

로 되므로 일반해는

$$y=(b_1+b_2x+\cdots\cdots+b_nx^{n-1})e^{\lambda x}\cos\mu x+(c_1+c_2x+\cdots\cdots+c_nx^{n-1})e^{\lambda x}\sin\mu x$$

이다. 단, $b_j=a_j+d_j$, $c_j=i(a_j-d_j)$ $(j=1, 2, \cdots, n)$ ■

예 1-44 $(D-1)^4 y=0$의 해를 구하여라.

• 풀이 • 식 (1-66)에 의해서 일반해는

$$y=(c_1+c_2x+c_2x^2+c_4x^3)e^x$$

이다. ■

예 1-45 $(D^2-2D+5)^3 y=0$의 해를 구하여라.

• 풀이 • $D^2-2D+5=0$의 근이 $1\pm i2$이므로 식 (1-67)에 의해서 일반해는

$$y=(b_1+b_2x+b_3x^2)e^x\cos 2x+(c_1+c_2x+c_3x^2)e^x\sin 2x$$

이다. ■

일반적으로 제차방정식

$$f(D)y=(D^n+a_1D^{n-1}+a_2D^{n-2}+\cdots\cdots+a_{n-1}D+a_n)y=0$$
$$f(D)y=D^l(D-\alpha)^m(D^2+aD+b)^n y=0 \qquad (a^2-4b<0)$$

로 인수분해될 때 일반해는

$$y=(a_1+a_2x+\cdots\cdots+a_lx^{l-1})+(b_1+b_2x+\cdots\cdots+b_mx^{m-1})e^{\alpha x}$$
$$+(c_1+c_2x+\cdots\cdots+c_nx^{n-1})e^{\lambda x}\cos\mu x$$
$$+(d_1+d_2x+\cdots\cdots+d_nx^{n-1})e^{\lambda x}\sin\mu x$$

이고, $\lambda\pm i\mu$는 $D^2+aD+b=0$의 근이다.

특히, 2계 선형제차방정식에 대해서 요약하면

$(D^2+aD+b)y=0$의 일반해는 $D^2+aD+b=0$의 근이

1) 실근 α, $\beta(\alpha\neq\beta)$인 경우 : $y=c_1e^{\alpha x}+c_2e^{\beta x}$

2) 실근 α(중근)인 경우 : $y=(c_1+c_2x)e^{\alpha x}$

3) 허근 $\lambda\pm i\mu$인 경우 : $y=e^{\lambda x}(c_1\cos\mu x+c_2\sin\mu x)$

이다.

예 1-46 $y''-3y'+2y=0$ 의 일반해를 구하여라.

• **풀이** • $D^2-3D+2=0$의 근이 1, 2이므로 일반해는

$$y=c_1e^x+c_2e^{2x}$$

이다. ■

예 1-47 $y''+16y'+64y=0$ 의 일반해를 구하여라.

• **풀이** • $D^2+16D+64=0$의 근이 -8로 중근이므로 일반해는

$$y=(c_1+c_2x)e^{-8x}$$

이다. ■

예 1-48 $y'''-y=0$ 의 일반해를 구하여라.

• **풀이** • $D^3-1=0$의 근이 1, $-\frac{1}{2}\pm i\frac{\sqrt{3}}{2}$ 이므로 일반해는

$$y = c_1 e^x + e^{-\frac{x}{2}}\left(c_2 \cos\frac{\sqrt{3}}{2}x + c_3 \sin\frac{\sqrt{3}}{2}x\right)$$

이다. ■

4. 역연산자

정수계수 n계 선형미분방정식

$$y^{(n)} + a_1 y^{(n-1)} + a_2 y^{(n-2)} + \cdots\cdots + a_{n-1}y' + a_n y = F(x)$$

를 연산자

$$f(D) = D^n + a_1 D^{n-1} + a_2 D^{n-2} + \cdots\cdots + a_{n-1}D + a_n$$

으로 표시하면

$$f(D)y = F(x) \tag{1-68}$$

로 식 (1-68)에서 해를 구하는 것은 y를 $y = f(x)$의 형으로 나타내는 것이다. 식 (1-68)은

$$y = f(D)^{-1}F(x)$$

로 표시할 수 있고 $f(D)^{-1}$를 **역연산자**(inverse operator)라 한다. $f(D)$의 의미를 명확히 하여야 한다.

먼저 $Dy = f(x)$는 $y' = f(x)$이므로

$$y = D^{-1}(Dy) = D^{-1}f(x) = \int f(x)dx \tag{1-69}$$

로 D^{-1}는 x로 적분하는 것을 의미한다.

정리 8 역연산자 $f(D)^{-1}$은 다음의 성질을 갖는다.

1) $$\frac{1}{f(D)}e^{\alpha x} = \frac{1}{f(\alpha)}e^{\alpha x} \qquad (f(a) \neq 0) \tag{1-70}$$

2) $\dfrac{1}{f(D)}F(x) = e^{\alpha x}\dfrac{1}{f(D+\alpha)}\left[e^{-\alpha x}F(x)\right]$

3) $\dfrac{1}{D-\alpha}F(x) = e^{\alpha x}\displaystyle\int e^{-\alpha x}F(x)\,dx$

4) $$\left.\begin{aligned}\frac{1}{(D-\alpha)^n}F(x) &= e^{\alpha x}\frac{1}{D^n}\left[e^{-\alpha x}F(x)\right] \qquad (n\text{회 적분}) \\ &= e^{\alpha x}\int\int\cdots\cdots\int e^{-\alpha x}F(x)\,dxdx\cdots\cdots dx\end{aligned}\right\} \quad (1\text{-}72)$$

• 증명 • 1) 식 (1-70)의 증명

$f(D)e^{\alpha x} = e^{\alpha x}f(\alpha)$ 에 의해서

$$f(D)\left[\frac{1}{f(\alpha)}e^{\alpha x}\right] = e^{\alpha x}$$

$$\frac{1}{f(D)}e^{\alpha x} = \frac{1}{f(\alpha)}e^{\alpha x}$$

이다.

2) 식 (1-71)의 증명

식 (1-64)의 $f(D)\left[e^{\alpha x}F(x)\right] = e^{\alpha x}f(D+\alpha)F(x)$에 의해서

$$\begin{aligned}&f(D)\left[e^{\alpha x}\frac{1}{f(D+\alpha)}e^{-\alpha x}F(x)\right] \\ &= e^{\alpha x}\left[f(D+\alpha)\frac{1}{f(D+\alpha)}e^{-\alpha x}F(x)\right] \\ &= F(x)\end{aligned}$$

$$\frac{1}{f(D)}F(x) = e^{\alpha x}\frac{1}{f(D+\alpha)}e^{-\alpha x}F(x)$$

이다.

3) 식 (1-72)의 증명

식 (1-71)을 이용하면

$$\begin{aligned}\frac{1}{(D-\alpha)^n}F(x) &= e^{\alpha x}\frac{1}{\{(D+\alpha)-\alpha\}^n}\left[e^{-\alpha x}F(x)\right] \\ &= e^{\alpha x}\frac{1}{D^n}\left[e^{-\alpha x}F(x)\right] \\ &= e^{\alpha x}\int\int\cdots\cdots\int e^{-\alpha x}F(x)\,dxdx\cdots\cdots dx\end{aligned}$$

이다. 그리고 $f(D) = (D-\alpha_1)(D-\alpha_2)\cdots\cdots(D-\alpha_n)$으로 인수분해될 때 $f(D)^{-1}$은

$$\frac{1}{f(D)}=\frac{A_1}{D-\alpha_1}+\frac{A_2}{D-\alpha_2}+\cdots\cdots+\frac{A_n}{D-\alpha_n}$$

로 부분분수로 상수 A_1, A_2, ……, A_n을 구할 수 있다. ■

5. 정수계수 선형미분방정식의 특해

정수계수 선형미분방정식

$$f(D)y = F(x)$$

의 특해를 함수 $F(x)$의 형에 따라 구한다.

(1) $F(x)$가 r차 다항식의 경우

미분연산자 $f(D)$가 $f(D)=D^p g(D)$로 인수분해되고 $g(D)$가 $D=0$의 근을 갖지 않을 때 1을 $g(D)$로 나누어서

$$\frac{1}{g(D)}=b_0+b_1 D+\cdots\cdots+b_r D^r+\frac{h(D)}{g(D)}D^{r+1}$$

로 될 때 $h(D)$는 D에 관한 다항식이다. 위의 식 양변에 $g(D)$를 곱하면

$$1=g(D)(b_0+b_1 D+\cdots\cdots+b_r D^r)+h(D)D^{r+1}$$

이다. $F(x)$가 r차 다항식이므로 $h(D)D^{r+1}F(x)=0$이므로 $F(x)$는

$$\begin{aligned}F(x)&=g(D)(b_0+b_1 D+\cdots\cdots+b_r D^r)F(x)\\&=g(D)D^p\frac{1}{D^p}(b_0+b_1 D+\cdots\cdots+b_r D^r)F(x)\\&=f(D)\frac{1}{D^p}(b_0+b_1 D+\cdots\cdots+b_r D^r)F(x)\qquad (f(D)=g(D)D^p)\end{aligned}$$

이다. 위의 관계식에서 특해는

$$y=\frac{1}{f(D)}F(x)$$

$$= \frac{1}{D^p}(b_0 + b_1 D + \cdots\cdots + b_r D^r) F(x)$$

$$= x^p p(x) \tag{1-73}$$

이다. 식 (1-73)에서 우변은 r차의 다항식을 p회 적분한 것으로 적분상수를 무시하면 $p(x)$를 r차의 다항식으로 하는 $x^p p(x)$의 형이다.

예 1-49 $(D^3 - 3D^2 + 2D)y = x^2$의 특해를 구하여라.

• **풀이** • 식 (1-73)에 의해서 $p(x) = (px^2 + qx + r)$이고, $(D^3 - 3D^2 + 2D) = 0$에서 $D = 0$의 근이 한 개이므로 $y = x(px^2 + qx + r)$의 형인 특해를 갖는다. 이 y를 원식에 대입하면

$$6p - 3(6px + 2q) + 2(3px^2 + 2qx + r) = x^2$$
$$6px^2 + (4q - 18p)x + (6p - 6q + 2r) = x^2$$

이다. $6p = 1$, $4q - 18p = 0$, $6p - 6q + 2r = 0$이 되어야 하므로

$$p = \frac{1}{6},\ q = \frac{3}{4},\ r = \frac{7}{4}$$

이므로 구하는 특해는

$$y = x\left(\frac{1}{6}x^2 + \frac{3}{4}x + \frac{7}{4}\right)$$

• **별해 2** • $(D^3 - 3D^2 + 2D)y = x^2$에서 y는

$$y = \frac{1}{D(D^2 - 3D + 2)}x^2 = \frac{1}{2D(1-D)\left(1 - \frac{D}{2}\right)}x^2$$

이다. 위의 식에서 $(1-D)$, $\left(1 - \frac{D}{2}\right)$로 1을 나누면

$$\frac{1}{1-D} = 1 + D + D^2 + \cdots\cdots$$

$$\frac{1}{1 - \frac{D}{2}} = 1 + \frac{D}{2} + \frac{D^2}{4} + \cdots\cdots$$

이 되므로 y는

$$y=\frac{1}{2D}(1+D+D^2+\cdots\cdots)\left(1+\frac{D}{2}+\frac{D^2}{4}+\cdots\cdots\right)x^2$$
$$=\frac{1}{2D}\left(1+\frac{3}{2}D+\frac{7}{4}D^2+\cdots\cdots\right)x^2$$
$$=\frac{1}{2D}\left(x^2+3x+\frac{7}{2}\right)=\frac{1}{6}x^3+\frac{3}{4}x^2+\frac{7}{4}x$$

이다. ■

(2) $F(x)=Ke^{\alpha x}$ 의 경우

미분방정식 $f(D)y=Ke^{\alpha x}$ 에서 $f(D)=(D-\alpha)^p g(D)$로 인수분해 될 때 특해는

$$y=K\frac{1}{(D-\alpha)^p g(D)}e^{\alpha x}$$
$$=K\frac{1}{(D-\alpha)^p}\left[\frac{1}{g(D)}e^{\alpha x}\right]$$

이다. [ ]는 식 (1-70)에 의해서 $g(\alpha)\neq 0$일 때 $\dfrac{1}{g(\alpha)}e^{\alpha x}$ 이므로 위의 식은

$$y=\frac{K}{g(\alpha)}\frac{1}{(D-\alpha)^p}e^{\alpha x}$$

이다. 식 (1-72)에 의해서

$$\frac{1}{(D-\alpha)^p}e^{\alpha x}=e^{\alpha x}\frac{1}{D^p}\left[e^{-\alpha x}\cdot e^{\alpha x}\right]$$
$$=e^{\alpha x}\int\int\cdots\cdots\int dxdx\cdots\cdots dx \qquad (p\text{회 적분})$$
$$=e^{\alpha x}\frac{x^p}{p!}$$

이므로 y는

$$y=\frac{1}{(D-\alpha)^p g(D)}Ke^{\alpha x}=\frac{K}{g(\alpha)}\frac{x^p}{p!}e^{\alpha x}$$

이다.

예 1-50 $(D^3-6D^2+11D-6)y=e^x$의 특해를 구하여라.

• **풀이** • $(D-1)(D-2)(D-3)y=e^x$에서 특해는

$$y=\frac{1}{D-1}\left[\frac{1}{(D-2)(D-3)}e^x\right]$$
$$=\frac{1}{2}\frac{1}{D-1}e^x$$
$$=\frac{1}{2}e^x\int e^{-x}e^x dx=\frac{1}{2}xe^x$$

이다. ■

(3) $F(x)=e^{\alpha x}p(x)$의 경우

미분방정식 $f(D)y=e^{\alpha x}p(x)$의 특해 y는 식 (1-14)에 의해서

$$y=\frac{1}{f(D)}\left[e^{\alpha x}p(x)\right]=e^{\alpha x}\frac{1}{f(D+\alpha)}\left[e^{-\alpha x}\cdot e^{\alpha x}p(x)\right]$$
$$=e^{\alpha x}\frac{1}{f(D+\alpha)}p(x)$$

이다. 위의 식에서 1)의 방법을 이용하여 $\frac{1}{f(D+\alpha)}p(x)$를 계산할 수 있다.

예 1-51 $(D^2-2D+1)y=e^{3x}x^2$의 특해를 구하여라.

• **풀이** • 원식에서 $(D-1)^2y=e^{3x}x^2$ 이므로 특해는

$$y=\frac{1}{(D-1)^2}\left[e^{3x}x^2\right]=e^{3x}\frac{1}{(D+3-1)^2}\left[e^{-3x}\cdot e^{3x}x^2\right]$$
$$=e^{3x}\frac{1}{(D+2)^2}x^2=\frac{e^{3x}}{4}\frac{1}{1+D+\frac{D^2}{4}}x^2$$
$$=\frac{e^{3x}}{4}\left(1-D+\frac{3}{4}D^2+\cdots\cdots\right)x^2$$
$$=\frac{1}{4}e^{3x}\left(x^2-2x+\frac{3}{2}\right)$$

이다. ■

(4) $F(x)=K\cos(ax+b)$ 또는 $F(x)=K\sin(ax+b)$인 경우

미분방정식 $f(D)y=K\cos(ax+b)$ 또는 $f(D)y=K\sin(ax+b)$의 특해를 구하기 위해

$$f(D)\,Y=Ke^{i(ax+b)} \tag{1-74}$$

로 고쳐 쓴다. 식 (1-74)에서 Y를 $Y=\xi(x)+i\eta(x)$라 하면

$$\begin{aligned} f(D)\,Y &= f(D)\{\xi(x)+i\eta(x)\}=Ke^{i(ax+b)} \\ &= K\{\cos(ax+b)+i\sin(ax+b)\} \end{aligned}$$

이다. 위의 식에서 실수부와 허수부는 같아야 하므로

$$\left.\begin{aligned} f(D)\xi(x) &= K\cos(ax+b)=\mathrm{Re}\left\{Ke^{i(ax+b)}\right\} \\ f(D)\eta(x) &= K\sin(ax+b)=\mathrm{Im}\left\{Ke^{i(ax+b)}\right\} \end{aligned}\right\} \tag{1-75}$$

로 된다. 식 (1-75)에서 Re와 Im은 복소수 $e^{i(ax+b)}$의 실수, 허수부를 의미한다.

예 1-52 $(D^2+4)y=\sin 2x$의 특해를 구하여라.

• 풀이 • 원식에서 $(D+i2)(D-i2)y=\mathrm{Im}\left\{e^{i2x}\right\}$가 되므로 특해는

$$\begin{aligned} y &= \mathrm{Im}\left\{\frac{1}{(D+i2)(D-i2)}e^{i2x}\right\}=\mathrm{Im}\left(\frac{1}{D-i2}\frac{1}{i4}e^{i2x}\right) \\ &= \mathrm{Im}\left(\frac{e^{i2x}}{i4}\int dx\right)=\mathrm{Im}\left\{-\frac{i}{4}(\cos 2x+i\sin 2x)x\right\} \\ &= -\frac{x}{4}\cos 2x \end{aligned}$$

이다. 그리고

$$\begin{aligned} \frac{1}{f(D^2)}e^{i(ax+b)} &= e^{ib}\frac{1}{f(D^2)}e^{iax} \\ &= e^{ib}\frac{1}{f\{(ia)^2\}}e^{iax}=\frac{1}{f(-a^2)}e^{i(ax+b)} \end{aligned}$$

에서

$$\frac{1}{f(D^2)}\{\cos(ax+b)+i\sin(ax+b)\}$$

$$= \frac{1}{f(-a^2)} \{\cos(ax+b) + i\sin(ax+b)\}$$

가 되므로 다음의 정리가 성립한다. ■

정리 9 $\cos(ax+b)$와 $\sin(ax+b)$의 $1/f(D^2)$에 대한 연산

$$\left.\begin{aligned} \frac{1}{f(D^2)}\cos(ax+b) &= \frac{1}{f(-a^2)}\cos(ax+b) \\ \frac{1}{f(D^2)}\sin(ax+b) &= \frac{1}{f(-a^2)}\sin(ax+b) \end{aligned}\right\} \qquad (1\text{-}76)$$

이다. 위의 관계식에서

$$\begin{aligned} \frac{1}{D^2+a^2} e^{i(ax+b)} &= e^{ib}\frac{1}{(D-ia)(D+ia)} e^{iax} = \frac{e^{ib}}{i2a}\frac{1}{D-ia}e^{iax} \\ &= \frac{e^{ib}}{i2a} e^{iax} \frac{1}{D}\left[e^{-iax} e^{iax}\right] \\ &= \frac{1}{i2a} e^{i(ax+b)} x \end{aligned}$$

이므로

$$\frac{1}{D^2+a^2}\{\cos(ax+b) + i\sin ax\} = \frac{x}{2a}\{\sin(ax+b) - i\cos(ax+b)\}$$

가 된다. 위의 식에서

$$\left.\begin{aligned} \frac{1}{D^2+a^2}\cos(ax+b) &= \frac{1}{2a}x\sin(ax+b) \\ \frac{1}{D^2+a^2}\sin(ax+b) &= -\frac{1}{2a}x\cos(ax+b) \end{aligned}\right\} \qquad (1\text{-}76)$$

이다.

[주] (예 1-52)를 식 (1-77)을 이용하여 풀면

$$y = \frac{1}{D^2+4}\sin 2x = -\frac{1}{4}x\cos 2x$$

가 된다.

(5) $F(x)=Ke^{\alpha x}\cos(ax+b)$ 또는 $F(x)=Ke^{\alpha x}\sin(ax+b)$인 경우

미분방정식 $f(D)y=Ke^{\alpha x}\cos(ax+b)$ 또는 $f(D)y=Ke^{\alpha x}\sin(ax+b)$의 특해 y는 식 (1-71)에 의해서

$$y=K\frac{1}{f(D)}\left[e^{\alpha x}\cos(ax+b)\right]$$

$$=Ke^{\alpha x}\frac{1}{f(D+\alpha)}\cos(ax+b)$$

$$y=K\frac{1}{f(D)}\left[e^{\alpha x}\sin(ax+b)\right]=Ke^{\alpha x}\frac{1}{f(D+\alpha)}\sin(ax+b)$$

로 되므로 4)의 방법이나 식 (1-76)에 의해서 계산할 수 있다.

예 1-53 $(D^2+2D+2)y=2e^x\cos x$의 특해를 구하여라.

• 풀이 • 원식에서 특해는

$$y=2\frac{1}{D^2+2D+2}e^x\cos x=2e^x\frac{1}{D^2+4D+5}\cos x$$

$$=2e^x\frac{1}{4D+4}\cos x=\frac{e^x}{2}\frac{D-1}{D^2-1}\cos x$$

$$=-\frac{e^x}{4}(D-1)\cos x=-\frac{e^x}{4}(-\sin x-\cos x)$$

$$=\frac{e^x}{4}(\sin x+\cos x)$$

이다. ■

(6) $F(x)=p(x)e^{\alpha x}\cos bx$ 또는 $F(x)=p(x)e^{\alpha x}\sin bx$인 경우

미분방정식 $f(D)y=p(x)e^{\alpha x}\cos bx$ 또는 $f(D)y=p(x)e^{\alpha x}\sin bx$의 특해는

$$\frac{1}{f(D)}e^{(\alpha+ib)x}p(x)=\frac{1}{f(D)}p(x)e^{\alpha x}\cos bx+i\frac{1}{f(D)}p(x)e^{\alpha x}\sin bx$$

$$=e^{(\alpha+ib)x}\frac{1}{f(D+\alpha+ib)}p(x)$$

에서 실수부와 허수부를 취하면

$$\frac{1}{f(D)}p(x)e^{\alpha x}\cos bx = \mathrm{Re}\left[e^{(\alpha+ib)x}\frac{1}{f(D+\alpha+ib)}p(x)\right]$$

$$\frac{1}{f(D)}p(x)e^{\alpha x}\sin bx = \mathrm{Im}\left[e^{(\alpha+ib)x}\frac{1}{f(D+\alpha+ib)}p(x)\right]$$

로 계산할 수 있다.

예 1-54 $(D^2+1)y = x\cos 2x$의 특해를 구하여라.

• 풀이 • 원식에서 $(D^2+1)y = \mathrm{Re}\{e^{i2x}x\}$이므로 특해는

$$\begin{aligned}
y &= \mathrm{Re}\left\{\frac{1}{D^2+1}e^{i2x}x\right\} = \mathrm{Re}\left\{e^{i2x}\frac{1}{D^2+i4D-3}x\right\} \\
&= \mathrm{Re}\left\{-\frac{e^{i2x}}{3}\frac{1}{1-i\frac{4}{3}D-\frac{1}{3}D^2}x\right\} \\
&= -\frac{1}{3}\mathrm{Re}\left[e^{i2x}\left(1+i\frac{4}{3}D+\frac{15}{9}D^2\cdots\cdots\right)x\right] \\
&= -\frac{1}{3}\mathrm{Re}\left\{e^{i2x}\left(x+i\frac{4}{3}\right)\right\} \\
&= -\frac{1}{3}\mathrm{Re}\left\{(\cos 2x+i\sin 2x)\left(x+i\frac{4}{3}\right)\right\} \\
&= -\frac{1}{3}\left(x\cos 2x-\frac{4}{3}\sin 2x\right)
\end{aligned}$$

이다. ■

예 1-55 $(D-1)y = xe^x\cos 2x$의 특해를 구하여라.

• 풀이 • 원식에서 $(D-1)y = \mathrm{Re}\{xe^{(1+i2)x}\}$이므로 특해는

$$\begin{aligned}
y &= \mathrm{Re}\left\{\frac{1}{D-1}e^{(1+i2)x}x\right\} = \mathrm{Re}\left\{e^{(1+i2)x}\frac{1}{D+i2}x\right\} \\
&= \mathrm{Re}\left\{\frac{e^{(1+i2)x}}{i2}\frac{1}{1+\frac{D}{i2}}x\right\} = \frac{e^x}{2}\mathrm{Re}\left\{-ie^{i2x}\left(1-\frac{D}{i2}\right)x\right\} \\
&= \frac{e^x}{2}\mathrm{Re}\left\{(\sin 2x-i\cos 2x)\left(x+\frac{i}{2}\right)\right\}
\end{aligned}$$

$$= \frac{e^x}{2}\left(x\sin 2x + \frac{1}{2}\cos 2x\right)$$

$$= \frac{e^x}{4}(2x\sin 2x + \cos 2x)$$

이다. ■

6. 응 용

정수계수 선형미분방정식은 여러 공학적인 문제를 해결하는 데 유용하다. 이 공학적인 문제에 선형미분방정식의 응용을 고찰한다.

예 1-56 정점 O로부터 거리 x에 비례하는 인력을 받는 질량 m인 물체가 O점을 향하여 x축에 연해서 아무 저항없이 운동을 한다(그림 1-9 참조).

① $x = x_0$에서 정지상태로부터 운동을 하였을 때

② $x = x_0$에서 초속 v_0로 운동을 하였을 때

물체의 운동을 논하여라.

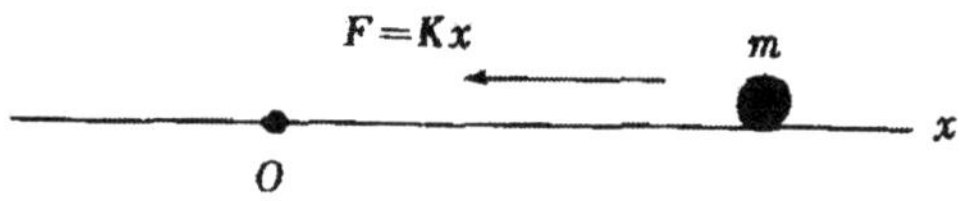

[그림 1-9]

• 풀이 • x를 O에서부터 물체까지의 거리라 하면

$$F = m\frac{d^2x}{dt^2} = -Kx \qquad (K\text{는 비례상수})$$

$$\frac{d^2x}{dt^2} + k^2x = 0 \qquad \left(k^2 = \frac{K}{m}\right)$$

x에 관한 해를 구하면 $x = c_1\sin kt + c_2\cos kt$이고, 시각 t에 관해서 미분하면 물체의 속도 v는

$$v = +kc_1\cos kt - kc_2\sin kt$$

이다.

① $t=0$일 때

$x=x_0$, $v=0$이므로 위의 두 식에서 $c_1=0$, $c_2=x_0$이며 x는

$$x=x_0\cos kt$$

로 진폭이 x_0, 각속도가 k인 단진동이다.

② $t=0$일 때

$x=x_0$, $v=v_0$이므로 $c_1=v_0/k$, $c_2=x_0$이며 x는

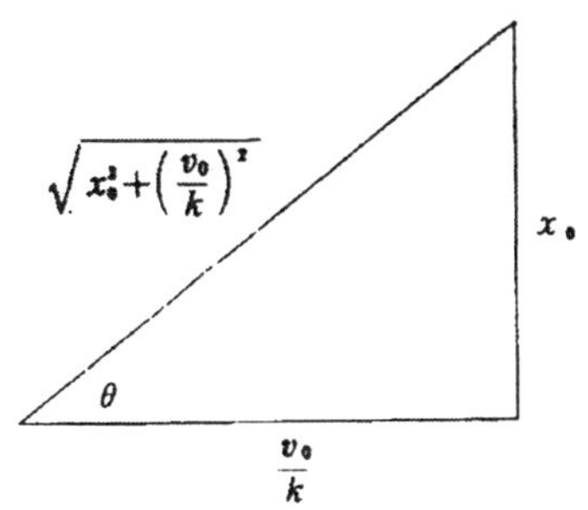

[그림 1-10]

$$\begin{aligned} x &= \frac{v_0}{k}\sin kt + x_0\cos kt \\ &= \sqrt{x_0^2+\left(\frac{v_0}{k}\right)^2}\left\{\frac{v_0/k}{\sqrt{x_0^2+(v_0/k)^2}}\sin kt + \frac{x_0}{\sqrt{x_0^2+(v_0/k)^2}}\cos kt\right\} \\ &= \sqrt{x_0^2+(v_0/k)^2}\sin(kt+\theta) \qquad (\text{단, } \theta=\tan^{-1}\frac{kx_0}{v_0}, \text{ 그림 1-10 참조}) \end{aligned}$$

이다. 이 x는 진폭 $\sqrt{x_0^2+(v_0/k)^2}$, 각속도 k, 위상 θ인 단진동이다. ■

예 1-57 정점 O에서 초속 v_0으로 질량 m인 물체를 연직상방(鉛直上方)으로 던질 때 공기저항은 속도에 비례한다. 물체가 도달할 수 있는 높이를 구하여라(그림 1-11 참조).

• 풀이 • 정점 O에서부터 상방을 정(+)의 방향, 시각 t에서 O로부터 물체까지의 거리를 h라 하면 물체에 공기저항 Kv(K는 비례상수)와 중력 mg(g는 중력가속도)가 작용하므로 물체의 운동방정식은 뉴턴(Newton)의 제2법칙에서

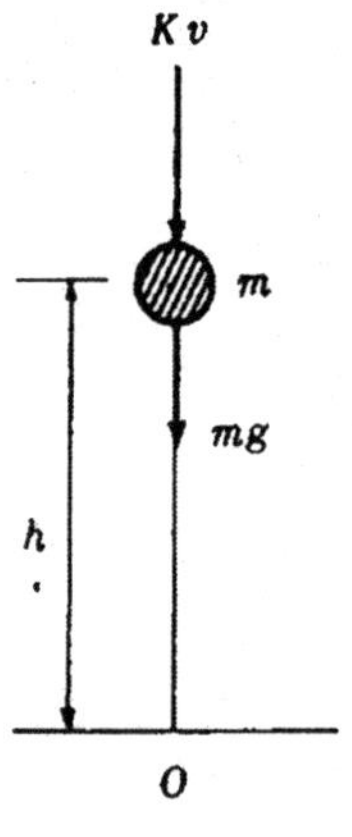

[그림 1-11]

$$m\frac{d^2h}{dt^2} = -mg - K\frac{dh}{dt}$$

가 되므로

$$\frac{d^2h}{dt^2} + k\frac{dh}{dt} = -g \qquad \left(k = \frac{K}{m}\right)$$

이다. 위의 식에서 h는

$$h = c_1 + c_2e^{-kt} - \frac{g}{k}t \cdots\cdots ①$$

이고, 속도 v는

$$v = \frac{dh}{dt} = -kc_2e^{-kt} - \frac{g}{k} \cdots\cdots ②$$

이다. $t=0$일 때 $h=0$, $v=v_0$이므로 $c_1 = -c_2 = (kv_0+g)/k^2$이다. 이것을 ①식에 대입하면

$$h = \frac{1}{k^2}(g+kv_0)(1-e^{-kt}) - \frac{g}{k}t \cdots\cdots ③$$

이다. 그리고 $v=0$일 때 최고점에 도달하므로 ②식에서

$$e^{-kt} = -\frac{g}{k^2c_2} = \frac{g}{g+kv_0}$$

이며 시각 t는

$$t=\frac{1}{k}\ln\frac{g+kv_0}{g}$$

이다. 이 t를 ③식에 대입하면

$$h=\frac{1}{k^2}(g+kv_0)\left(1-\frac{g}{g+kv_0}\right)-\frac{g}{k}\left(\frac{1}{k}\ln\frac{g+kv_0}{g}\right)$$
$$=\frac{1}{k}\left(v_0-\frac{g}{k}\ln\frac{g+kv_0}{g}\right)$$

이다. ■

예 1-58 중점 O의 둘레를 일정한 각속도 ω로 회전하는 질량을 무시할 수 있는 곧은 rod에 연해서 마찰없이 굴러가는 작은 구슬이 있다(그림 1-12 참조).

① 구슬이 처음 O점에서 정지해 있을 때

② 구슬이 처음 O점에서 초속 $g/2\omega$로 운동하기 시작할 때

①, ②의 운동을 논하여라.

• 풀이 • x를 구슬이 O점에서 시각 t까지의 거리라 하면, 구슬에는 중력과 원심력 2개의 힘이 작용하며 점 P에서 밖으로 향한다. rod는 각 ωt로 회전하므로 rod에 연한 중력의 분력(分力)의 크기는 $mg\sin\omega t$가 되며 O점으로 향한다. 그래서 다음의 운동방정식을 얻을 수 있다.

$$m\frac{d^2x}{dt^2}=m\omega^2x-mg\sin\omega t$$

에서

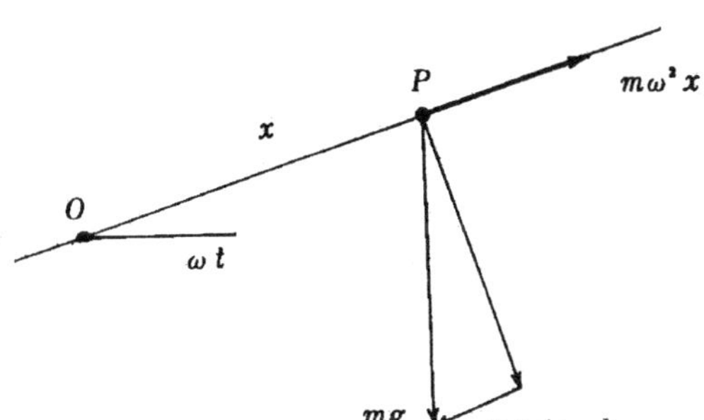

[그림 1-12]

$$\frac{d^2x}{dt^2} - \omega^2 x = -g\sin\omega t$$

이다. x를 구하면

$$x = c_1 e^{\omega t} + c_2 e^{-\omega t} + \frac{g}{2\omega^2}\sin\omega t \cdots\cdots ①$$

이고 속도 v는

$$v = \omega c_1 e^{\omega t} - \omega c_2 e^{-\omega t} + \frac{g}{2\omega}\cos\omega t \cdots\cdots ②$$

이다.

① $t=0$일 때

$x=0$, $v=0$이므로 $c_1 + c_2 = 0$, $c_1 - c_2 + \frac{g}{2\omega^2} = 0$가 된다.

즉, $c_1 = -c_2 = -\frac{g}{4\omega^2}$이며 이것을 ①식에 대입하면 x는

$$\begin{aligned} x &= \frac{g}{4\omega^2}(e^{-\omega t} - e^{\omega t}) + \frac{g}{2\omega^2}\sin\omega t \\ &= -\frac{g}{2\omega^2}\sinh\omega t + \frac{g}{2\omega^2}\sin\omega t \end{aligned}$$

이다.

② $t=0$일 때

$x=0$, $v=g/2\omega$이므로 $c_1 = c_2 = 0$이다. x는

$$x = \frac{g}{2\omega^2}\sin\omega t$$

이다. ■

예 1-59 [그림 1-13]과 같은 RLC 직렬회로에 직류전압 E로 C를 충전시킨 후 스위치 S를 열어 방전시킬 때 전하와 전류를 구하여라.

• 풀이 • 방전전류 i는 $i = -\frac{dq}{dt}$, 키르히호프(Kirchhoff)의 전압법칙에서 $v_c = iR + L\frac{di}{dt}$, 그리고 $v_c = \frac{q}{C}$이므로

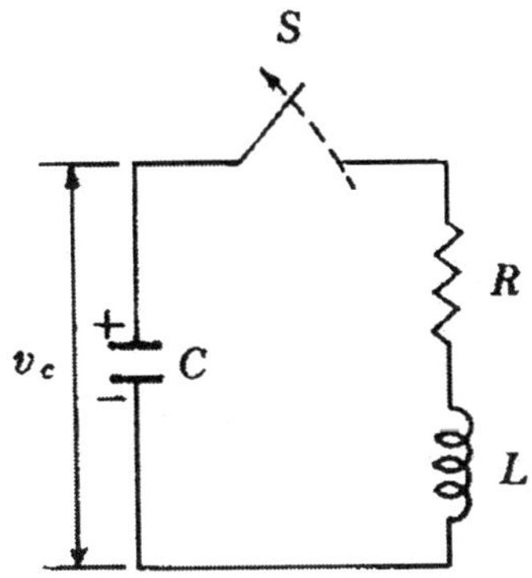

[그림 1-13]

$$L\frac{d^2q}{dt^2}+R\frac{dq}{dt}+\frac{q}{C}=0$$

가 된다. 이 식에 미분연산자 $D=\frac{d}{dt}$를 대입하면 $LD^2+RD+\frac{1}{C}=0$이다.

D의 근은

$$D=\frac{1}{2L}\left\{-R\pm\sqrt{R^2-\frac{4L}{C}}\right\}$$
$$=-\alpha\pm\beta \qquad \left(\alpha=\frac{R}{2L},\ \beta=\frac{1}{2L}\sqrt{R^2-\frac{4L}{C}}\right)$$

이다.

① $R^2>\frac{4L}{C}$일 때

2개의 서로 다른 실근이 되므로 q와 i는

$$q=Ae^{-(\alpha-\beta)t}+Be^{-(\alpha+\beta)t}$$
$$i=-\frac{dq}{dt}=A(\alpha-\beta)e^{-(\alpha-\beta)t}+B(\alpha+\beta)e^{-(\alpha+\beta)t}$$

이다. $t=0$일 때 $q=CE$, $i=0$이 되므로 $A+B=CE$, $(\alpha-\beta)A+(\alpha+\beta)B=0$에서

$$A=\frac{CE(\alpha+\beta)}{2\beta}$$
$$B=-\frac{CE(\alpha-\beta)}{2\beta}$$

이다. 이것을 위 식에 대입하면

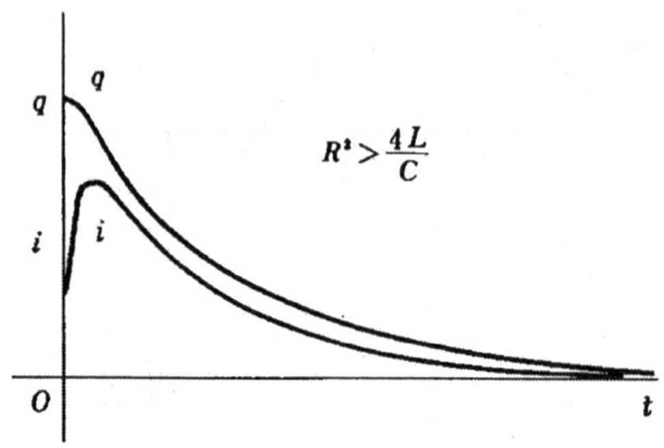

[그림 1-14]

$$q = \frac{CE}{2\beta}\{(\alpha+\beta)e^{-(\alpha-\beta)t} - (\alpha-\beta)e^{-(\alpha+\beta)t}\}$$

$$i = \frac{CE(\alpha^2-\beta^2)}{2\beta}e^{-\alpha t}(e^{\beta t} - e^{-\beta t}) = \frac{E}{\beta L}e^{-\alpha t}\sin h\beta t$$

이다. 이것을 그래프로 나타내면 [그림 1-14]와 같다. 즉, $R^2 > 4L/C$인 경우를 대수적인 경우라 한다.

② $R^2 = \frac{4L}{C}$일 때

$\beta = 0$으로 중근이 되므로 q와 i는

$$q = (A+Bt)e^{-\alpha t}$$

$$i = -\frac{dq}{dt} = e^{-\alpha t}(-B+\alpha A+\alpha Bt)$$

이다. $t=0$일 때 $i=0$, $q=CE$이므로

$$A = CE$$

$$B = \alpha A = \alpha CE$$

로 된다. 위의 식에 대입하면 q와 i는

$$q = CE\left(1+\frac{R}{2L}t\right)e^{-\alpha t}$$

$$i = \alpha^2 CEte^{-\alpha t} = \frac{E}{L}te^{-\alpha t}$$

이다. 이것을 그래프로 나타내면 [그림 1-15]와 같다. 즉, $R^2 = 4L/C$인 경우를 임계적인 경우라 한다.

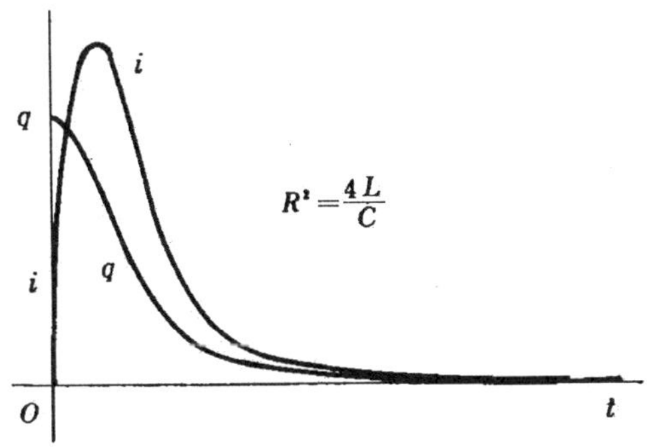

[그림 1-15]

③ $R^2<\frac{4L}{C}$일 때

$$\beta=\frac{1}{2L}\sqrt{R^2-\frac{4L}{C}}=j\frac{1}{2L}\sqrt{\frac{4L}{C}-R^2}=j\omega \qquad (j=\sqrt{-1})$$

라 하면 q와 i는

$$q=e^{-\alpha t}(A\cos\omega t+B\sin\omega t)$$
$$i=e^{-\alpha t}\{(\alpha A-\omega B)\cos\omega t+(\omega A+\alpha B)\sin\omega t\}$$

이다. $t=0$일 때 $q=CE$, $i=0$이 되므로

$$A=CE$$
$$B=\frac{\alpha}{\omega}A=\frac{\alpha}{\omega}CE$$

이며

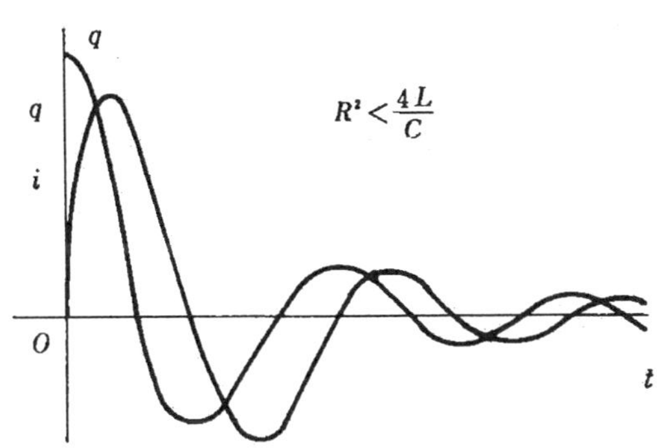

[그림 1-16]

$$q = CEe^{-\alpha t}\left(\cos\omega t + \frac{\alpha}{\omega}\sin\omega t\right)$$

$$i = \frac{E}{\omega L}e^{-\alpha t}\sin\omega t$$

이다. $4L/C > R$의 경우는 진동적이고, i와 q는 각속도 ω로 자유진동하는 것으로 [그림 1-16]과 같이 진폭은 시간 t와 더불어 $e^{-\alpha t}$에 비례하여 감소하며, 이러한 진동을 **감쇠진동**(damped oscillation)이라 한다. ■

연습문제

1. 다음의 함수가 1차독립임을 증명하여라.

(1) $\sin ax$, $\cos ax$

(2) 1, x, x^2

(3) $\ln x$, $x\ln x$, $x^2\ln x$

(4) $e^{ax}\cos bx$, $e^{ax}\sin bx$

(5) e^{ax}, e^{bx}, e^{cx}

2. $y'' - y' - 2y = 0$의 방정식이 $y = e^{ax}$ 형의 1차독립인 2개의 해를 갖는 것을 증명하여라.

3. $x^3y''' - 6xy' + 12y = 0$의 방정식이 $y = x^r$ 형의 1차독립인 3개의 해를 갖는 것을 증명하여라.

4. $y^{(4)} - y''' - 3y'' + 5y' - 2y = 0$의 방정식이 $y = e^{ax}$ 형의 1차독립인 2개의 해를 갖는 것을 증명하여라.

5. 미분방정식을 풀어라.

(1) $y'' + y' - 6y = 0$

(2) $y''' - y'' - 12y' = 0$

(3) $(D^4+6D^3+5D^2-24D-36)y=0$

(4) $(D^4-D^3-9D^2-11D-4)y=0$

(5) $y''-2y'+10y=0$

(6) $(D^4+D^3+2D^2-D+3)y=0$

(7) $(D^4+5D^2-36)y=0$

(8) $(D^3-D^2+9D-9)y-0$

(9) $(D^4-6D^3+13D^2-12D+4)y=0$

(10) $(D^6+9D^4+24D^2+16)y=0$

6. 다음 미분방정식의 일반해를 구하여라.

(1) $(D^2-1)y=x^2$

(2) $(D^2-2D+1)y=x$

(3) $(D^3+D^2-4D-4)y=x$

(4) $D^4(D^2-1)y=x^2$

(5) $(2D^2+2D+3)y=x^2+2x-1$

(6) $(D^3-2D+4)y=x^4+3x^2-5x+2$

(7) $(D^3-4D^2+3D)y=x^2$

(8) $(D^3+1)y=x^2+x$

7. 다음 미분방정식의 일반해를 구하여라.

(1) $(D^2-1)y=e^x$

(2) $(D^2-3D+2)y=e^{3x}$

(3) $(D^2-3D-10)y=e^x$

(4) $(D^2-7D+6)y=e^{6x}$

(5) $(D^3-2D^2-5D+6)y=e^{3x}$

(6) $(D^3-2D^2-5D+6)y=(e^{2x}+3)^2$

(7) $(D^4+2D^2+1)y=4e^x$

(8) $(D^3-5D^2+8D-4)y=e^{2x}+2e^x+3e^{-x}$

8. 다음 미분방정식의 일반해를 구하여라.

(1) $(D^2-4)y=e^{3x}x^2$

(2) $(D-2)^2y=e^x+xe^{2x}$

(3) $(D^2+2D+2)y=xe^{-2x}$

(4) $(D^2-2D+1)y=xe^x$

(5) $(D^2-2D+1)y=e^x(x^2+x)$

(6) $(D-1)y=e^{2x}(x+3)$

9. 다음 식을 계산하여라(단, 적분상수는 무시한다).

(1) $\dfrac{1}{D^2+9}\sin(3x+5)$

(2) $\dfrac{1}{D^2+9}\cos(3x+5)$

(3) $\dfrac{1}{D+2}\sin 3x$

(4) $\dfrac{1}{D+2}\cos 3x$

(5) $\dfrac{1}{D^2+3D-4}\sin 2x$

(6) $\dfrac{1}{D^2+3D-4}\cos 3x$

10. 다음 미분방정식의 일반해를 구하여라.

(1) $(D^2+3D+2)y=\cos 2x$

(2) $(D^2-D+1)y=\sin 2x$

(3) $(D^2+4)y=\sin 3x$

(4) $(D^2-5D+4)y=10\sin 2x$

(5) $(D^3+D^2+D+1)y=\sin 2x+\cos 3x$

(6) $(D^4-1)y=\sin 2x$

(7) $(D^3+D^2+D+1)y=e^x+e^{-x}+\sin x$

(8) $(D^2+2)y=x^3+x^2+e^{-2x}+\cos 3x$

11. 다음 미분방정식의 일반해를 구하여라.

(1) $(D-1)y = e^{x}\cos x$

(2) $(D^2+3D+2)y = e^{2x}\sin x$

(3) $(D^2-3D+2)y = e^{4x}\sin x$

(4) $(D^2-2D-1)y = e^{x}\cos x$

(5) $(D^2-4D+3)y = 2xe^{3x} + 3e^{x}\cos 2x$

(6) $(D^2+5D+6)y = e^{-2x}(\sec^2 x)(1+2\tan x)$

12. 다음 미분방정식의 일반해를 구하여라.

(1) $(D^2+4)y = x\sin x$

(2) $(D+1)y = xe^{-x}\sin 2x$

(3) $(D^2+1)y = x^2\sin 2x$

(4) $(D^2-4D+3)y = xe^{-x}\sin^2 x$

(5) $(D^3-D)y = e^{x}(x^2-\sin x)$

(6) $(D^2-4D+3)y = e^{x}\cos 2x + \cos 4x$

1-4 미분방정식의 급수해법

1. 멱급수해법

주어진 상미분방정식의 해를 구하는 데 구적법으로 해를 구할 수 없는 경우가 있다. 이 경우 해 y를 **멱급수**(power series)의 형으로 풀 수 있다.

$$y = C_0 + C_1(x-a) + C_2(x-a)^2 + \cdots\cdots$$
$$= \sum_{m=0}^{\infty} C_m (x-a)^m \tag{1-78}$$

식 (1-78)에서 C_0, C_1, ……는 상수로 **급수의 계수**(cofficient)라 하며, a는 **중심**(center)이라고 하는 상수, 그리고 x는 변수이다. 선형 상미분방정식을 식 (1-78)과 같이 $(x-a)$의 멱급수로 해를 구하는 경우 기본해 y는 $x=a$에서 확정치를 가져야 한다. 이것은 y가 $x=a$에서 발산하면 $x=a$에서 테일러 급수전개가 불가능하다. 2계 미분방정식

$$y'' + p(x)y' + q(x)y = 0 \tag{1-79}$$

에서 $p(x)$, $q(x)$가 $x=a$에서 테일러 급수전개되면 식 (1-78)도 테일러 급수전개되고, 그 기본해는 식 (1-78)이다.

이때 $x=a$를 **통상점**(ordinary point)이라 하고, $p(x)$, $q(x)$가 $x=a$에서 발산하면 $x=a$를 **특이점**(singular point)이라 한다. 그리고

$$\lim_{x \to a}(x-a)p(x)$$
$$\lim_{x \to a}(x-a)^2 q(x)$$

의 값이 모두 존재하면 $x=a$를 확정특이점(regular singular point), 그렇지 않으면 불확정특이점(irregular singular point)이라 한다. 식 (1-78)이 2계 미분방정식의 기본해로 될 때 y', y''는

$$y' = C_1 + 2C_2(x-a) + 3C_3(x-a)^2 + \cdots\cdots = \sum_{m=1}^{\infty} mC_m(x-a)^{m-1}$$

$$= \sum_{m=0}^{\infty} (m+1)C_{m+1}(x-a)^m \qquad (1\text{-}80)$$

$$y'' = 2C_2 + 3\cdot 2C_3(x-a) + \cdots\cdots = \sum_{m=2}^{\infty} m(m-1)C_m(x-a)^{m-2}$$

$$= \sum_{m=0}^{\infty} (m+1)(m+2)C_{m+2}(x-a)^m \qquad (1\text{-}81)$$

이 된다.

예 1-60 $y' = 2xy$의 해를 급수해법으로 구하여라.

• 풀이 • 원방정식에서 $2x$는 $x=0$에서 발산하지 아니하므로 $x=0$은 통상점이다. 식 (1-78)과 (1-80)에서 $a=0$이므로

$$y = \sum_{m=0} C_m x^m,\ y' = \sum_{m=0} (m+1)C_{m+1}x^m$$

이다. 원방정식은 $\sum_{m=0}(m+1)C_{m+1}x^m = \sum_{m=0} 2C_m x^{m+1}$에서

$$\sum_{m=0}(m+1)C_{m+1}x^m = \sum_{m=1} 2C_{m-1}x^m$$

$$C_1 + \sum_{m=1}(m+1)C_{m+1}x^m = \sum_{m=1} 2C_{m-1}x^m$$

이다. 위의 식에서 좌우변이 같아야 하므로 $C_1 = 0$이고, C_{m+1}은

$$C_{m+1} = \frac{2}{m+1}C_{m-1} \cdots\cdots ①$$

이다. ①식을 **순환관계**(recurrence relation) 또는 **순환공식**(recurrence formula)라 하며 ①식은 $m=1$에서 시작하므로 C_0=상수, $C_1=0$일 때

$$C_1 = C_3 = C_5 = \cdots\cdots = C_{2m-1} = 0$$

$$C_2 = 0$$

$$C_4 = \frac{C_2}{2} = \frac{C_0}{2!}$$

$$C_6 = \frac{C_4}{3} = \frac{C_0}{3!}$$

$$C_8 = \frac{C_6}{4} = \frac{C_0}{4!} \cdots\cdots\cdots$$

이므로 구하는 y는 식 (1-78)에서

$$\begin{aligned} y &= C_0 + C_0 x^2 + \frac{C_0}{2!}x^4 + \frac{C_0}{3!}x^6 + \cdots\cdots \\ &= C_0\left(1 + x^2 + \frac{1}{2!}x^4 + \frac{1}{3!}x^6 + \cdots\cdots\right) \\ &= C_0 e^{x^2} \end{aligned}$$

이다. 여기서 e^x와 e^{x^2}의 급수는

$$e^x = \sum_{m=0} \frac{x^m}{m!} 1 + x + \frac{x^2}{2!} + \frac{x^3}{3!} + \cdots\cdots$$

$$e^{x^2} = \sum_{m=0} \frac{x^{2m}}{m!} = 1 + x^2 + \frac{x^4}{2!} + \frac{x^6}{3!} + \cdots\cdots$$

이다. ■

예 1-61 $y'' + y = 0$의 해를 급수해법으로 구하여라.

• 풀이 • 원방정식을 식 (1-79)와 비교하면 $p(x) = 0$, $q(x) = 1$이므로 $x = 0$은 통상점이다. 식 (1-78)과 (1-81)을 원방정식에 대입하면

$$\sum_{m=0} (m+1)(m+2)\, C_{m+2} x^m + \sum_{m=0} C_m x^m$$
$$= \sum_{m=0} \{(m+1)(m+2)\, C_{m+2} + C_m\} x^m = 0$$

이고 순환공식은

$$C_{m+2} = -\frac{1}{(m+1)(m+2)} C_m \cdots\cdots ①$$

이다. ①식은 $m = 0$에서 시작하므로 C_0 =상수, C_1 =상수일 때 C_2, C_3, C_4, ……는

$$C_2 = -\frac{C_0}{1 \cdot 2} = -\frac{C_0}{2!},\ C_3 = -\frac{C_1}{2 \cdot 3} = -\frac{C_1}{3!},\ C_4 = -\frac{C_2}{3 \cdot 4} = \frac{C_0}{4!}$$

$$C_5 = -\frac{C_3}{4 \cdot 5} = \frac{C_1}{5!},\ C_6 = -\frac{C_4}{5 \cdot 6} = -\frac{C_0}{6!},\ C_7 = -\frac{C_5}{6 \cdot 7} = -\frac{C_1}{7!}$$

$$C_8 = -\frac{C_6}{7 \cdot 8} = \frac{C_0}{8!},\ C_9 = -\frac{C_7}{8 \cdot 9} = \frac{C_1}{9!},\ \cdots\cdots$$

이다.

위의 관계를 식 (1-78)에 대입하면 해는

$$y = C_0\left(1 - \frac{1}{2!}x^2 + \frac{1}{4!}x^4 - \frac{1}{6!}x^6 + \cdots\cdots\right)$$
$$+ C_1\left(x - \frac{1}{3!}x^3 + \frac{1}{5!}x^5 - \frac{1}{7!}x^7 + \cdots\cdots\right)$$

이고, $\sin x$, $\cos x$의 급수는

$$\sin x = x - \frac{1}{3!}x^3 + \frac{1}{5!}x^5 - \frac{1}{7!}x^7$$
$$\cos x = 1 - \frac{1}{2!}x^2 + \frac{1}{4!}x^4 - \frac{1}{6!}x^6 + \cdots\cdots$$

이므로 y는

$$y = C_0\cos x + C_1\sin x$$

이다. ■

2. 확정특이점

제차 선형미분방정식

$$y^{(n)} + p_1(x)y^{(n-1)} + p_2(x)y^{(n-2)} + \cdots\cdots$$
$$+ p_{n-1}(x)y' + p_n(x)y = 0 \qquad (1\text{-}82)$$

가 특이점 $x = a$에서

$$(x-a)p_1(x),\ (x-a)^2 p_2(x),\ \cdots\cdots,\ (x-a)^n p_n(x)$$

로 테일러 급수로 전개되면 $x = a$를 식 (1-82)의 **확정특이점**이라 한다. 식 (1-82)에서

$$(x-a)p_1(x) = P_1(x)$$
$$(x-a)^2 p_2(x) = P_2(x)$$
$$\cdots\cdots\cdots\cdots\cdots\cdots\cdots\cdots\cdots$$
$$(x-a)^n p_n(x) = P_n(x)$$

라 하면 식 (1-82)는

$$(x-a)^n y^{(n)} + (x-a)^{n-1}P_1(x)y^{(n-1)} + \cdots\cdots$$

$$+(x-a)P_{n-1}(x)y'+P_n(x)y=0$$

으로 되고, $P_1(x)$, $P_2(x)$, ······, $P_n(x)$는 $x=a$에서 테일러급수로 전개된다. 위의 식에서 해는

$$y=(x-a)^{\lambda}\sum_{m=0} C_m(x-a)^m=\sum_{m=0} C_m(x-a)^{m+\lambda} \tag{1-83}$$

이다. 2계 미분방정식

$$(x-a)^2y''+(x-a)P(x)y'+Q(x)y=0 \tag{1-84}$$

의 $P(x)$, $Q(x)$가 다음과 같이 테일러급수로 전개된다고 하면

$$\left.\begin{aligned}P(x)&=P_0+P_1(x-a)+P_2(x-a)^2+\cdots\cdots\\ Q(x)&=Q_0+Q_1(x-a)+Q_2(x-a)^2+\cdots\cdots\end{aligned}\right\} \tag{1-85}$$

그리고 식 (1-83)에서 y'와 y''는

$$\left.\begin{aligned}y'&=\sum_{m=0}(m+\lambda)C_m(x-a)^{m+\lambda-1}\\ y''&=\sum_{m=0}(m+\lambda)(m+\lambda-1)C_m(x-a)^{m+\lambda-2}\end{aligned}\right\} \tag{1-86}$$

이므로, 식 (1-83), (1-85), (1-86)을 식 (1-84)에 대입하면

$$\sum_{m=0}(m+\lambda)(m+\lambda-1)C_m(x-a)^{m+\lambda}+\left\{P_0+P_1(x-a)+P_2(x-a)^2+\cdots\cdots\right\}$$
$$\sum_{m=0}(m+\lambda)C_m(x-a)^{m+\lambda}+\left\{Q_0+Q_1(x-a)+Q_2(x-a)^2+\cdots\cdots\right\}$$
$$\sum_{m=0}C_m(x-a)^{m+\lambda}=0$$

이다. 위의 식에서 $m=0$일 때, 즉 $(x-a)^{\lambda}$의 계수는 $\{\lambda(\lambda-1)+P_0\lambda+Q_0\}C_0=0$에서 $C_0\neq 0$라 하면

$$\lambda^2+(P_0-1)\lambda+Q_0=0 \tag{1-87}$$

로 되고 이 식을 식 (1-84)의 **결정방정식**(indicial equation)이라 한다. 식 (1-87)의 근

이 식 (1-83)의 λ를 결정해 주며, 식 (1-87)은 2차방정식이므로 다음의 3가지 경우가 가능하다.

(1) 결정방정식 2근의 차가 정수가 아닌 서로 다른 실근 λ_1, λ_2일 때

식 (1-83)에 의해서 식 (1-84)의 해 y_1, y_2는

$$\left.\begin{aligned} y_1(x) &= (x-a)^{\lambda_1}\{C_0 + C_1(x-a) + C_2(x-a)^2 + \cdots\cdots\} \\ y_2(x) &= (x-a)^{\lambda_2}\{C_0' + C_1'(x-a) + C_2'(x-a)^2 + \cdots\cdots\} \end{aligned}\right\} \tag{1-88}$$

로 된다. $\lambda_1 - \lambda_2$는 정수가 아니기 때문에 $y_1/y_2 \neq$ 상수로 되므로 구하는 일반해는

$$y = Ay_1(x) + By_2(x)$$

이고, A와 B는 임의의 상수이다.

예 1-62 $xy'' + \left(x - \dfrac{1}{2}\right)y' + y = 0$의 해를 구하여라.

• 풀이 • 원식의 양변에 x를 곱하면

$$x^2y'' + x\left(x - \frac{1}{2}\right)y' + xy = 0 \cdots\cdots ①$$

이 된다. ①식은 $x=0$에서 확정특이점이 되므로 식 (1-83), (1-86)에서 y, y', y''는

$$\begin{aligned} y &= \sum_{m=0} C_m x^{m+\lambda} \\ y' &= \sum_{m=0} (m+\lambda)\, C_m x^{m+\lambda-1} \\ y'' &= \sum_{m=0} (m+\lambda)(m+\lambda-1)\, C_m x^{m+\lambda-2} \end{aligned}$$

이다. 위의 관계식을 ①에 대입하면

$$\sum_{m=0} (m+\lambda)(m+\lambda-1)\, C_m x^{m+\lambda} + \left(x - \frac{1}{2}\right)\sum_{m=0} (m+\lambda)\, C_m x^{m+\lambda} + \sum_{m=0} C_m x^{m+\lambda+1} = 0$$

이다. 위의 식을 $x^{m+\lambda}$와 $x^{m+\lambda+1}$의 항으로 정리하면

$$\sum_{m=0}(m+\lambda)\left(m+\lambda-\frac{3}{2}\right)C_m x^{m+\lambda}+\sum_{m=0}(m+\lambda+1)\,C_m x^{m+\lambda+1}=0$$

으로 되고 $x^{m+\lambda+1}$의 항을 $x^{m+\lambda}$의 항으로 변환시키면

$$\sum_{m=0}(m+\lambda)\left(m+\lambda-\frac{3}{2}\right)C_m x^{m+\lambda}+\sum_{m=1}(m+\lambda)\,C_{m-1}x^{m+\lambda}=0$$

에서

$$\lambda\left(\lambda-\frac{3}{2}\right)C_0x^{\lambda}+\sum_{m=1}(m+\lambda)\left\{\left(m+\lambda-\frac{3}{2}\right)C_m+C_{m-1}\right\}x^{m+\lambda}=0$$

이다. 위의 식에서 결정방정식은 $C_0\neq 0$이므로

$$\lambda\left(\lambda-\frac{3}{2}\right)=0$$

에서 근은 $\lambda_1=0$, $\lambda_2=3/2$이다. 여기서 $\lambda_1-\lambda_2$가 정수가 아니다. 그리고 위의 식에서 $m+\lambda\neq 0$이므로 순환방정식은

$$C_m=-\frac{1}{m+\lambda-\dfrac{3}{2}}\,C_{m-1}\cdots\cdots②$$

이다.

① $\lambda=0$일 때 ②식에서 순환방정식은

$$C_m=-\frac{2}{2m-3}\,C_{m-1}$$

이다. 위의 급수는 $m=1$에서 시작하므로

$$C_1=2C_0$$

$$C_2=-\frac{2}{1}\,C_1=-\frac{2^2}{1}C_0$$

$$C_3=-\frac{2}{3}\,C_2=\frac{2^3}{1\cdot 3}C_0$$

……………………………

$$C_m=-\frac{(-2)^m}{1\cdot 3\cdot 5\cdots(2m-3)}$$

이므로 $y_1(x)$는 식 (1-83)에서

$$y_1(x) = C_0\left\{1 + 2x - \sum_{m=2} \frac{(-2)^m x^m}{1 \cdot 3 \cdot 5 \cdots (2m-3)}\right\} \cdots\cdots ③$$

이다.

② $\lambda = 3/2$일 때 ②식에서 순환방정식은

$$C_m = -\frac{1}{m} C_{m-1}$$

이다. 위의 식에서 $C_0 = C_0'$에서 시작하므로

$$C_1 = -C_0'$$

$$C_2 = -\frac{1}{2} C_1 = \frac{1}{2} C_0'$$

$$C_3 = -\frac{1}{3} C_2 = -\frac{1}{3 \cdot 2 \cdot 1} C_0'$$

…………………………

$$C_m = \frac{(-1)^m}{n!} C_0'$$

이므로 $y_2(x)$는

$$y_2(x) = C_0' x^{3/2} \sum_{m-0} \frac{(-1)^m}{m!} x^m = C_0' x^{3/2} e^{-x} \quad \cdots\cdots ④$$

이고, ③식과 ④식에서 $C_0 = A$, $C_0' = B$라 하면 일반해는

$$y = A\left\{1 + 2x - \sum_{m=2} \frac{(-2)^m}{1 \cdot 3 \cdot 5 \cdots (2m-3)} x^m\right\} + Bx^{3/2} e^{-x}$$

이다. ■

(2) 결정방정식의 근이 중근일 때

식 (1-87)에서 중근 $\lambda = (1 - P_0)/2$이므로 첫 번째 해 $y_1(x)$는 식 (1-83)이고, 두 번째 해 $y_2(x)$는

$$y_2(x) = u(x) y_1(x) \tag{1-89}$$

로 가정하여 $u(x)$를 결정하면 된다. 식 (1-89)에서 $y_2'(x)$, $y_2''(x)$는

$$y_2{}'(x) = u' y_1 + u y_1{}'$$
$$y_2{}'' = u'' y_1 + 2u' y_1{}' + u y_1{}''$$

이므로 위의 관계식을 식 (1-84)에 대입하면

$$(x-a)(u'' y_1 + 2u' y_1{}' + u y_1{}'') + (x-a)P(x)(u' y_1 + u y_1{}')$$
$$+ Q(x) u y_1 = 0$$

이다. $y_1(x)$가 식 (1-84)의 해이므로 u를 포함하는 항의 합은 0이므로

$$(x-a)^2 y_1 u'' + 2(x-a)^2 y_1{}' u' + (x-a)P(x) y_1 u' = 0$$
$$u'' + \left\{ \frac{2y_1{}'}{y_1} + \frac{P_0}{x-a} + P_1 + P_2(x-a) + \cdots\cdots \right\} u' = 0$$

이다. 식 (1-83)에서 $y_1{}'/y_1$은

$$\frac{y_1{}'}{y_1} = \frac{(x-a)^{\lambda-1} \sum_{m=0} (m+\lambda)\, C_m (x-a)^m}{(x-a)^{\lambda} \sum_{m=0} C_m (x-a)^m} = \frac{\lambda}{x-a} + \cdots\cdots$$

이므로 위의 식에 대입하면

$$u'' + \left\{ \frac{2\lambda + P_0}{x-a} + \cdots\cdots \right\} u'$$

에서

$$\frac{u''}{u'} + \left\{ \frac{2\lambda + P_0}{x-a} + \cdots\cdots \right\} = 0$$

(단, ……은 상수와 $(x-a)$의 1차 이상의 급수임)

이다. 위의 식에서 $\lambda = (1-P_0)/2$이므로 $2\lambda + P_0 = 1$이다. 적분하면

$$\ln u' = -\ln(x-a) + \cdots\cdots,$$

에서

$$u' = \frac{1}{x-a} e^{(\cdots\cdots)}$$

이다. $e^{(\cdots\cdots)}$를 $(x-a)$로 전개하여 다시 적분하면 $u(x)$는

$$u=\ln(x-a)+k_1(x-a)+k_2(x-a)^2+\cdots\cdots$$

이다. 그러므로 $y_2(x)$는 식 (1-89)에서

$$y_2(x)=y_1(x)\ln(x-a)+(x-a)^{\lambda}\sum_{m=1}A_m(x-a)^m$$

로 되며, 1차독립인 해를 구할 수 있다.

예 1-63 $x(x-1)y''+(3x-1)y'+y=0$의 해를 구하여라.

• **풀이** • $x=0$에서 확정특이점이 되므로 식 (1-83), (1-86)을 $a=0$일 때 원방정식에 대입하면

$$\sum_{m=0}(m+\lambda)(m+\lambda-1)C_m x^{m+\lambda}-\sum_{m=0}(m+\lambda)(m+\lambda-1)C_m x^{m+\lambda-1}$$
$$+3\sum_{m=0}(m+\lambda)C_m x^{m+\lambda}-\sum_{m=0}(m+\lambda)C_m x^{m+\lambda-1}+\sum_{m=0}C_m x^{m+\lambda}=0$$

으로 되고

$$\sum_{m=0}\{(m+\lambda)(m+\lambda+2)+1\}C_m x^{m+\lambda}-\sum_{m=0}(m+\lambda)^2 C_m x^{m+\lambda-1}=0$$

이다. 위의 식에서

$$\sum_{m=1}\{(m+\lambda-1)(m+\lambda+1)+1\}C_{m-1}x^{m+\lambda-1}-\sum_{m=0}(m+\lambda)^2 C_m x^{m+\lambda-1}=0$$
$$-\lambda^2 C_0 x^{\lambda-1}+\sum_{m=1}(m+\lambda^2)(C_{m-1}-C_m)x^{m+\lambda-1}=0$$

로 된다. 위의 식에서 $C_0\neq 0$일 때 결정방정식의 근 $\lambda=0$으로 중근이고 순환방정식은

$$C_m=C_{m-1}$$

이다. 위의 식에서 $C_1=C_0$, $C_2=C_0$, ……, $C_m=C_0$이므로 $C_0=$상수일 때 $y_1(x)$는

$$y_1(x)=C_0\sum_{m=0}\lambda^m=\frac{C_0}{1-x}\qquad(|x|<1)\ \cdots\cdots①$$

이다. 두 번째 해 $y_2(x)$를 $y_2(x)=u(x)y_1(x)$라 하면, y_2, y_2', y_2''를 원방정식에

대입하면

$$x(x-1)(u''y_1+2u'y_1'+uy_1'')+(3x-1)(u'y_1+uy_1')+uy_1=0$$

이다. 여기서 $y_1(x)$는 원방정식의 해이므로

$$x(x-1)(y_1u''+2y_1'u')+(3x-1)y_1u'=0$$

에서

$$xu''+u'=0$$

이다. 위의 식을 2회 적분하면 $u=\ln x$이므로 $y_2(x)$는

$$y_2(x)=\frac{\ln x}{1-x}\cdots\cdots②$$

이다. 그러므로 일반해 y는 ①식과 ②식에서

$$y=\frac{A}{1-x}+\frac{B\ln x}{1-x}$$

이다. ■

(3) 결정방정식 두 근의 차가 정수일 때

식 (1-87)의 두 근 λ_1과 λ_2의 차 $\lambda_1-\lambda_2=n(n$: 正의 정수)일 때 λ_1에 대응하는 첫 번째의 해 $y_1(x)$는 식 (1-83)에서

$$y_1(x)=(x-a)^{\lambda_1}\sum_{m=0}C_m(x-a)^m \tag{1-90}$$

이고, 두 번째 해 $y_2(x)$를 $y_2(x)=u(x)y_1(x)$라 가정하여 식 (1-84)에 y_2, y_2', y''를 대입하면 (2)의 경우와 같이

$$\frac{u''}{u'}+\left\{\frac{2\lambda_1+P_0}{x-a}+\cdots\cdots\right\}=0$$

이다. 식 (1-87)에서 $P_0-1=-(\lambda_1+\lambda_2)$로 되어야 하므로 $P_0-1=-2\lambda_1+n$이다. 그러므로

$$\frac{u''}{u'}+\left\{\frac{n+1}{x-a}+\cdots\cdots\right\}=0$$

에서

$$\ln u' = -(n+1)\ln(x-a) + \cdots\cdots$$

이다. 여기서 u'는

$$u' = (x-a)^{-(n+1)} e^{(\cdots\cdots)}$$

이고 $(x-a)$의 항으로 급수전개하면

$$u' = \frac{1}{(x-a)^{n+1}} + \frac{k_1}{(x-a)^n} + \cdots\cdots + \frac{k_n}{x-a} + k_{n+1} + k_{n+2}(x-a) + \cdots\cdots$$

로 되며 다시 적분하면

$$u(x) = -\frac{1}{n(x-a)^n} - \cdots\cdots + k_n \ln(x-a) + k_{n+1} + k_{n+2}(x-a) + \cdots\cdots$$

이다. $y_2(x) = u(x)y_1(x)$이므로 위의 식과 식 (1-90)에서 $y_2(x)$는

$$y_2(x) = k_n y_1(x)\ln(x-a) + (x-a)^{\lambda_2} \sum_{m=0} C_m (x-a)^m \qquad \text{(1-91)}$$

이다. 그러므로 식 (1-90), (1-91)에서 일반해는

$$y(x) = Ay_1(x) + By_2(x) \qquad (A,\ B\text{는 임의 상수})$$

이다.

예 1-64 $x^2(x^2-1)y'' - (x^2+1)xy' + (x^2+1)y = 0$의 해를 구하여라.

• 풀이 • 원방정식은 $x=0$에서 확정특이점을 가지므로 식 (1-83), (1-86)을 $a=0$일 때 원방정식에 대입하여 정리하면

$$\sum_{m=0} (m+\lambda-1)^2 C_m x^{m+\lambda+2} - \sum_{m=0} (m+\lambda+1)(m+\lambda-1)\, C_m x^{m+\lambda} = 0$$

에서

$$\sum_{m=2} (m+\lambda-3)^2 C_{m-2} x^{m+\lambda} - \sum_{m=0} (m+\lambda+1)(m+\lambda-1)\, C_m x^{m+\lambda} = 0$$

이다. 위의 식에서

$$-(\lambda+1)(\lambda-1)C_0x^{\lambda}-(\lambda+2)\lambda C_1x^{\lambda+1}$$
$$+\sum_{m=2}\left\{(m+\lambda-3)^2C_{m-2}-(m+\lambda+1)(m+\lambda-1)C_m\right\}x^{m+\lambda}=0$$

으로 되고 $C_0\neq 0$일 때 결정방정식의 근은 $\lambda_1=1$, $\lambda_2=-1$이다. 두 번째의 항 $(\lambda+2)\lambda C_1$에서 $\lambda=1$, -1이므로 $C_1=0$이 되어야 한다. 그리고 순환방정식은

$$C_m=\frac{(m+\lambda-3)^2}{(m+\lambda+1)(m+\lambda-1)}C_{m-2}\cdots\cdots①$$

이다. 두 근의 차 $\lambda_1-\lambda_2=2$이므로 $\lambda_1=1$에 대응하는 순환방정식은 ①식에서

$$C_m=\frac{(m-2)^2}{m(m+2)}C_{m-2}$$

이고, $m=2$에서 시작하므로

$$C_0=\text{상수},\ C_1=0,\ C_2=0,\ C_3=C_4\cdots\cdots=0$$

으로 된다. 그러므로 식 (1-83)에서 $y_1(x)$는

$$y_1(x)=C_0x\cdots\cdots②$$

이며 두 번째 해 $y_2(x)$는 $y_2(x)=uy_1(x)$로 가정하여 $y_2(x)$, $y_2'(x)$, $y_2''(x)$를 원방정식에 대입하면

$$x^2(x^2-1)(y_1u''+2y_1'u'+uy_1'')-(x^2+1)x(y_1u'+y_1'u)+uy_1=0$$

에서 y_1이 원방정식의 해이므로

$$x(x^2-1)(y_1u''+2y_1'u')-(x^2+1)y_1u'=0$$

이다. 이 식에

$$y_1=C_0x$$
$$y_1'=C_0$$

을 대입하면

$$x(x^2-1)u''+(x^2-3)u'=0$$

이 된다. 이 식에서 u''/u'는

$$\frac{u''}{u'}=-\frac{3}{x}+\frac{1}{x+1}+\frac{1}{x-1}$$

에서

$$u' = \frac{x^2-1}{x^3}$$

이며 다시 적분하면 u는 $u = \ln x + 1/(2x^2)$가 되므로 $y_2(x)$는

$$y_2(x) = C_0 xu = C_0 x \ln x + \frac{C_0}{2x} \cdots\cdots ③$$

이다. 그러므로 구하는 해는

$$y = A' y_1(x) + B' y_2(x) = Ax + B\left(x \ln x + \frac{1}{2x}\right)$$

$$(A = C_0 A',\ B = C_0 B')$$

이다. ■

3. 가우스의 미분방정식과 초기하급수

임의의 상수 α, β, γ에 대해서 다음의 2계 미분방정식

$$x(x-1)y'' + \{(\alpha+\beta+1)x - \gamma\}y' + \alpha\beta y = 0 \tag{1-92}$$

을 **가우스 방정식**(Gauss equation)이라 한다. 식 (1-92)를

$$x^2 \frac{d^2y}{dx^2} + \frac{x\{(\alpha+\beta+1)x-\gamma\}}{x-1}\frac{dy}{dx} + \frac{\alpha\beta xy}{x-1} = 0$$

으로 변환하면 계수 $\{(\alpha+\beta+1)x-\gamma\}/(x-1)$과 $\alpha\beta x/(x-1)$에 대해서 $x=0$은 통상점이다. 식 (1-92)의 확정특이점은 $x=0$이다.

그러므로 식 (1-83), (1-86)에서

$$y = \sum_{m=0} C_m x^{m+\lambda}$$

$$y' = \sum_{m=0} (m+\lambda) C_m x^{m+\lambda-1}$$

$$y'' = \sum_{m=0} (m+\lambda)(m+\lambda-1) C_m x^{m+\lambda-2}$$

이므로 식 (1-92)에 위의 관계식을 대입하면

$$\sum_{m=0} (m+\lambda+\alpha)(m+\lambda+\beta)\, C_m\, x^{m+\lambda}$$
$$- \sum_{m=0} (m+\lambda)(m+\lambda-1+\gamma)\, C_m\, x^{m+\lambda-1} = 0$$

이다. $x^{m+\lambda}$의 항을 $x^{m+\lambda-1}$의 항으로 변환하여 정리하면

$$-\lambda(\lambda-1+\gamma)\, C_0 x^{\lambda-1} + \sum_{m=1} \{(m-1+\lambda+\alpha)(m-1+\lambda+\beta)\, C_{m-1}$$
$$-(m+\lambda)(m+\lambda-1+\gamma)\, C_m\} x^{m+\lambda-1} = 0$$

으로 된다. 결정방정식의 근은 $\lambda_1 = 0$, $\lambda_2 = 1-\gamma$이고, 순환공식은

$$C_m = \frac{(m-1+\lambda+\alpha)(m-1+\lambda+\beta)}{(m+\lambda)(m+\lambda-1+\gamma)}\, C_{m-1} \qquad (m \geqq 1)$$

이다. $\lambda_2 = 1-\gamma$에서 γ가 정수가 아닐 때 위의 순환공식을 이용하여 급수 (1-92)가 구해진다.

(1) $\lambda=0$일 때

$$C_m = \frac{(m+\alpha-1)(m+\beta-1)}{m(m+\gamma-1)}\, C_{m-1}$$

로 되고 C_0 =상수일 때 C_1, C_2, ……, C_m은

$$C_1 = \frac{\alpha \cdot \beta}{1 \cdot \gamma}\, C_0$$
$$C_2 = \frac{(\alpha+1)(\beta+1)}{2 \cdot (\gamma+1)}\, C_1 = \frac{\alpha(\alpha+1)\beta(\beta+1)}{1 \cdot 2 \cdot \gamma(\gamma+1)}\, C_0$$
$$C_3 = \frac{(\alpha+2)(\beta+2)}{3 \cdot (\gamma+2)}\, C_2 = \frac{\alpha(\alpha+1)(\alpha+2)\beta(\beta+1)(\beta+2)}{1 \cdot 2 \cdot 3 \cdot \gamma(\gamma+1)(\gamma+2)}\, C_0$$
$$\cdots\cdots\cdots\cdots\cdots\cdots\cdots\cdots\cdots\cdots$$
$$C_m = \frac{\alpha(\alpha+1)\cdots(\alpha+m-1)\beta(\beta+1)\cdots(\beta+m-1)}{m!\,\gamma(\gamma+1)\cdots(\gamma+m-1)}\, C_0$$

이다.

그러므로 $y_1(x)$는

$$y_1(x) = C_0\left[1 + \frac{\alpha\beta}{1\cdot\gamma}x + \frac{\alpha(\alpha+1)\beta(\beta+1)}{1\cdot 2\gamma(\gamma+1)}x^2 + \cdots\cdots \right.$$
$$\left. + \frac{\alpha(\alpha+1)\cdots(\alpha+m-1)\beta(\beta+1)\cdots(\beta+m-1)}{m!\gamma(\gamma+1)\cdots(\gamma+m-1)}x^m + \cdots\cdots\right]$$

이고 괄호 내의 급수를 초기하급수(hypergeometric series)라 하고, 이를

$$F(\alpha,\ \beta,\ \gamma; x) = 1 + \frac{\alpha\beta}{1\cdot\gamma}x + \frac{\alpha(\alpha+1)\beta(\beta+1)}{2!\gamma(\gamma+1)}x^2 + \cdots\cdots$$
$$+ \frac{\alpha(\alpha+1)\cdots(\alpha+m-1)\beta(\beta+1)\cdots(\beta+m-1)}{m!\gamma(\gamma+1)\cdots(\gamma+m-1)}x^m + \cdots\cdots \quad (1\text{-}93)$$

로 표시한다. 그러므로 $y_1(x)$는 $C_0 = 1$일 때

$$y_1(x) = F(\alpha,\ \beta,\ \gamma; x)$$

이다.

(2) $\lambda = 1-\gamma$일 때

$$C_m = \frac{(\alpha+m-\gamma)(\beta+m-\gamma)}{m(m+1-\gamma)}C_{m-1}$$

이므로 $C_0 = 1$일 때 C_1, C_2, ……, C_m은

$$C_1 = \frac{(\alpha+1-\gamma)(\beta+1-\gamma)}{1\cdot(2-\gamma)}$$
$$C_2 = \frac{(\alpha+2-\gamma)(\beta+2-\gamma)}{2\cdot(3-\gamma)}C_1$$
$$= \frac{(\alpha+1-\gamma)(\alpha+2-\gamma)(\beta+1-\gamma)(\beta+2-\gamma)}{1\cdot 2\cdot(2-\gamma)(3-\gamma)}C_0$$

……………………………………………………………………

$$C_m = \frac{(\alpha+1-\gamma)(\alpha+2-\gamma)\cdots(\alpha+m-\gamma)(\beta+1-\gamma)(\beta+2-\gamma)\cdots(\beta+m-\gamma)}{m!(2-\gamma)(3-\gamma)\cdots(m+1-\gamma)}$$

가 되므로, $y_2(x)$는

$$y_2(x) = x^{1-\gamma}\left\{1 + \frac{(\alpha+1-\gamma)(\beta+1-\gamma)}{1\cdot(2-\gamma)}x + \cdots\cdots\right.$$

$$+\frac{(\alpha+1-\gamma)(\alpha+2-\gamma)\cdots(\alpha+m-\gamma)(\beta+1-\gamma)(\beta+2-\gamma)\cdots(\beta+m-\gamma)}{m!(2-\gamma)(3-\gamma)\cdots(m+1-\gamma)}x^m$$

$$+\cdots\cdots\} = x^{1-\gamma}F(\alpha+1-\gamma, \beta+1-\gamma, 2-\gamma; x)$$

로 된다. γ가 정수가 아닐 때 식 (1-93)의 해 $y(x)$는

$$y = AF(\alpha, \beta, \gamma; x) + Bx^{1-\gamma}F(\alpha+1-\gamma, \beta+1-\gamma, 2-\gamma; x)$$

(A, B는 임의 상수)

이 된다.

γ가 정수일 때 위의 $y_1(x)$, $y_2(x)$ 중 어느 것이 하나의 해가 될 것이며, 2절의 (3)의 방법으로 두 번째 해를 구할 수 있다.

예 1-65 $\frac{1}{x}\ln(1+x)$를 초기하급수로 표시하여라($|x|<1$).

• **풀이** • $\ln(1+x)$를 매클로린(Maclaurin) 급수로 전개하면

$$\ln(1+x) = x - \frac{x^2}{2} + \frac{x^3}{3} - \frac{x^4}{4} + \cdots\cdots + \frac{(-1)^{n-1}x^n}{n!} + \cdots\cdots$$

$$\frac{1}{x}\ln(1+x) = 1 - \frac{x}{2} + \frac{x^2}{3} - \frac{x^3}{4} + \cdots\cdots$$

$$= 1 + \frac{1\cdot1}{1!2}(-x) + \frac{1\cdot2\cdot1\cdot2}{2!2\cdot3}(-x)^2$$

$$+ \frac{1\cdot2\cdot3\cdot1\cdot2\cdot3}{3!2\cdot3\cdot4}(-x)^3 + \cdots\cdots$$

$$= F(1, 1, 2; -x) \quad \blacksquare$$

예 1-66 $\sin^{-1}x(|x|<1)$를 초기하급수로 표시하여라.

• **풀이** • $\sin^{-1}x = \int_0^x \frac{dx}{\sqrt{1-x^2}}$

$$= \int_0^x \left(1 + \frac{1}{2}x^2 + \frac{1\cdot3}{2\cdot4}x^4 + \cdots\cdots + \frac{1\cdot3\cdot5\cdots(2n-1)}{2\cdot4\cdot6\cdots(2n)}x^{2n} + \cdots\right)dx$$

$$= x + \frac{1}{2\cdot3}x^3 + \frac{1\cdot3}{2\cdot4\cdot5}x^5 + \cdots\cdots + \frac{1\cdot3\cdot5\cdots(2n-1)}{2\cdot4\cdot6\cdots(2n+1)}x^{2n+1} + \cdots\cdots$$

$$= x + \frac{1}{1!2\cdot3}x^3 + \frac{1\cdot3}{2!2^2\cdot5}x^5 + \cdots\cdots + \frac{1\cdot3\cdot5\cdots(2n-1)}{n!2^n(2n+1)}x^{2n+1} + \cdots\cdots$$

$$=x\left\{1+\frac{\frac{1}{2}\cdot\frac{1}{2}}{1!\frac{3}{2}}x^2+\frac{\frac{1}{2}\cdot\frac{3}{2}\cdot\frac{1}{2}\cdot\frac{3}{2}}{2!\frac{3}{2}\cdot\frac{5}{2}}x^4+\cdots\cdots\right.$$

$$\left.+\frac{\left(\frac{1}{2}\cdot\frac{3}{2}\cdots\frac{2n-1}{2}\right)}{n!\frac{3}{2}\cdot\frac{5}{2}\cdots\frac{(2n+1)}{2}}x^{2n}+\cdots\cdots\right\}$$

$$=xF\left(\frac{1}{2}\cdot\frac{1}{2}\cdot\frac{3}{2};x^2\right)$$ ■

예 1-67 $9x(1-x)y''+3(1-2x)y'+20=0$의 해를 구하여라.

• 풀이 • 원방정식은 $x(x-1)y''+\left(\frac{2}{3}x-\frac{1}{3}\right)y'-\frac{20}{9}=0$으로 되므로 식 (1-92)와 비교하면

$$\alpha+\beta+1=\frac{2}{3}$$

$$\gamma=\frac{1}{3}$$

$$\alpha\beta=-\frac{20}{9}$$

이다. 그러므로 α, β, γ는

$$\alpha=\frac{4}{3}$$

$$\beta=-\frac{5}{3}$$

$$\gamma=\frac{1}{3}$$

이므로 일반해는

$$y=AF\left(\frac{4}{3},-\frac{5}{3},\frac{1}{3};x\right)+Bx^{2/3}F\left(2,-1,\frac{5}{3};x\right)$$

이다. ■

4. 르장드르 방정식과 다항식

$$(x^2-1)y''+2xy'-p(p+1)y=0 \tag{1-94}$$

을 **르장드르**(Legendre) **미분방정식**이라 한다. 이 방정식은 물리학문제, 특히 구의 경계치문제에 많이 응용된다. 식 (1-94)에서 $x=0$은 통상점이다. $x=1/z$이라 놓으면 식 (1-94)는

$$(z^4-z^2)\frac{d^2y}{dz^2}+2z^3\frac{dy}{dz}+p(p+1)y=0$$

로 되며 $z=0$이 확정특이점이다. 그러므로 식 (1-83), (1-86)에 의해서 y 및 y', y''는

$$y=\sum_{m=0} C_m z^{m+\lambda}$$

$$y'=\sum_{m=0}(m+\lambda)C_m z^{m+\lambda-1}$$

$$y''=\sum_{m=0}(m+\lambda)(m+\lambda-1)C_m z^{m+\lambda-2}$$

이다. 위의 관계식을 원식에 대입하면

$$\sum_{m=0}(m+\lambda)(m+\lambda+1)C_m z^{m+\lambda+2}$$
$$-\sum_{m=0}\{(m+\lambda)(m+\lambda-1)-p(p+1)\}C_m z^{m+\lambda}=0$$

에서

$$-\{\lambda(\lambda-1)-p(p+1)\}C_0 z^{\lambda}-\{\lambda(\lambda+1)-p(p+1)\}C_1 z^{\lambda+1}$$
$$+\sum_{m=2}\{(m+\lambda-2)(m+\lambda-1)C_{m-2}\}$$
$$-\{(m+\lambda)(m+\lambda-1)-p(p+1)\}C_m z^{m+\lambda}=0$$

이다. 결정방정식 $\lambda(\lambda-1)-p(p+1)=0$에서 근은 $\lambda_1=-p$, $\lambda_2=p+1$일 때 $C_1=0$이므로 순환공식은

$$C_m=\frac{(m+\lambda-2)(m+\lambda-1)}{(m+\lambda)(m+\lambda-1)-p(p+1)}C_{m-2}$$

이다. $C_0=1$일 때 $\lambda_1=-p$, $\lambda_2=p+1$에 의해서 y_1과 y_2는 다음과 같이 구할 수 있다.

(1) $\lambda=\lambda_1=-p$ 일 때

$$C_m=\frac{(m-p-2)(m-p-1)}{m(m-2p-1)}C_{m-2}$$

가 되므로

$$C_2=-\frac{p(p-1)}{2(2p-1)}$$

$$C_4=-\frac{(p-2)(p-3)}{4(2p-3)}C_2=\frac{p(p-1)(p-2)(p-3)}{2\cdot 4(2p-1)(2p-3)}$$

………………………………………………………………………

이며 위의 관계식에서 y_1은

$$y_1=z^{-p}\left[1-\frac{p(p-1)}{2(2p-1)}z^2+\frac{p(p-1)(p-2)(p-3)}{2\cdot 4(2p-1)(2p-3)}z^4-\frac{p(p-1)(p-2)(p-3)(p-4)(p-5)}{2\cdot 4\cdot 6(2p-1)(2p-3)(2p-5)}z^6\cdots\cdots\right]$$

$$=x^{p}\left[1-\frac{p(p-1)}{2(2p-1)}x^{-2}+\frac{p(p-1)(p-2)(p-3)}{2\cdot 4(2p-1)(2p-3)}x^{-4}-\frac{p(p-1)(p-2)(p-3)(p-4)(p-5)}{2\cdot 4\cdot 6(2p-1)(2p-3)(2p-5)}x^{-6}\cdots\cdots\right]$$

이다.

(2) $\lambda=\lambda_2=p+1,\ C_0=1$ 일 때

$$C_m=\frac{(m+p-1)(m+p)}{m(m+2p+1)}C_{m-2}$$

가 되므로

$$C_2=\frac{(p+1)(p+2)}{2(2p+3)}$$

$$C_4=\frac{(p+3)(p+4)}{4(2p+5)}C_2=\frac{(p+1)(p+2)(p+3)(p+4)}{2\cdot 4(2p+3)(2p+5)}$$

………………………………………………………………………

이다. 위의 관계식에서 y_2는

$$y_2 = z^{(p+1)}\left[1+\frac{(p+1)(p+2)}{2(2p+3)}z^2+\frac{(p+1)(p+2)(p+3)(p+4)}{2\cdot 4(2p+3)(2p+5)}z^4 + \frac{(p+1)(p+2)(p+3)(p+4)(p+5)(p+6)}{2\cdot 4\cdot 6(2p+3)(2p+5)(2p+7)}z^6+\cdots\cdots\right]$$

$$= x^{-(p+1)}\left[1+\frac{(p+1)(p+2)}{2(2p+3)}x^{-2}+\frac{(p+1)(p+2)(p+3)(p+4)}{2\cdot 4(2p+3)(2p+5)}x^{-4} + \frac{(p+1)(p+2)(p+3)(p+4)(p+5)(p+6)}{2\cdot 4\cdot 6(2p+3)(2p+5)(2p+7)}x^{-6}+\cdots\cdots\right]$$

이다. 그러므로 르장드르 미분방정식의 해는

$$y = Ay_1 + By_2 \qquad (A,\ B\text{는 임의 상수})$$

이고, 여기서 $p\neq \frac{1}{2},\ \frac{3}{2},\ \frac{5}{2},\ \cdots\cdots$ 또는 $p\neq -\frac{3}{2},\ -\frac{5}{2},\ \cdots\cdots$이다. p가 0을 포함하는 정(正)의 정수, 즉 $p=0,\ 1,\ 2,\ 3\cdots\cdots$라 하면 x의 다항식 y_1을 $u_p(x)$라 하면

$$u_0(x)=1$$
$$u_1(x)=x$$
$$u_2(x)=x^2-\frac{1}{3}$$
$$u_3(x)=x^3-\frac{3}{5}x$$
$$\cdots\cdots\cdots\cdots\cdots\cdots$$

이므로 $u_k(x)$는

$$u_k(x)=\sum_{n=0}^{[k/2]}(-1)^n\frac{k(k-1)\cdots\cdots(k-2n+1)}{2^n n!(2k-1)\cdots\cdots(2k-2n+1)}x^{k-2n}$$

이고 여기서 $\left[\frac{k}{2}\right]$는 최대정수 $\leqq \frac{k}{2}$(예를 들면 $k=7$일 때 $\left[\frac{k}{2}\right]=3$, $k=8$이면 $\left[\frac{k}{2}\right]=4$이다)를 정의한다. 이 $u_k(x)$에 다음의 상수를 곱해서 얻어진 다항식을 **르장드르 다항식**(Legendre polynomials)이라 한다.

$$p_k(x)=\frac{(2k)!}{2^k(k!)^2}u_k(x)=\frac{1\cdot3\cdot5\cdots(2k-1)}{k!}u_k(x) \tag{1-95}$$

식 (1-95)에 의해서 $p_1(x)$, $p_2(x)$, ……는

$$p_0(x)=u_0(x)=1$$

$$p_1(x)=u_1(x)=x$$

$$p_2(x)=\frac{1\cdot3}{2!}u_2(x)=\frac{3}{2}x^2-\frac{1}{2}$$

$$p_3(x)=\frac{1\cdot3\cdot5}{3!}u_3(x)=\frac{5}{2}x^3-\frac{3}{2}x$$

$$p_4(x)=\frac{1\cdot3\cdot5\cdot7}{4!}u_4(x)=\frac{5\cdot7}{2\cdot4}x^4-\frac{2\cdot3\cdot5}{2\cdot4}x^2+\frac{1\cdot3}{2\cdot4}$$

$$p_5(x)=\frac{1\cdot3\cdot5\cdot7\cdot9}{5!}u_5(x)=\frac{7\cdot9}{2\cdot4}x^5-\frac{2\cdot5\cdot7}{2\cdot4}x^3+\frac{3\cdot5}{2\cdot4}x$$

등이다. 이들을 그래프로 나타낸 것이 [그림 1-17]이다.

식 (1-95)는 (1-94)의 특해가 된다.

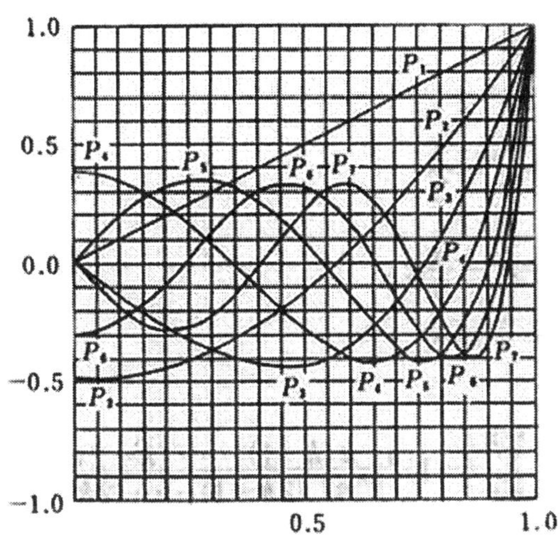

[그림 1-17]

5. 베셀 방정식

응용수학에서 중요한 방정식의 하나가 다음과 같은 **베셀 미분방정식**(Bessel's differential equation)이다.

$$x^2y'' + xy' + (x^2 - \nu^2)y = 0 \tag{1-96}$$

식 (1-96)은 $x = 0$에서 확정특이점이 되므로 식 (1-83), (1-86)에 의해서 y 및 y', y''는

$$y = \sum_{m=0} C_m x^{m+\lambda}$$
$$y' = \sum_{m=0} (m+\lambda) C_m x^{m+\lambda-1}$$
$$y'' = \sum_{m=0} (m+\lambda)(m+\lambda-1) C_m x^{m+\lambda-2}$$

이다. 이 y, y', y''를 식 (1-96)에 대입하면

$$\sum_{m=0} (m+\lambda+\nu)(m+\lambda-\nu) C_m x^{m+\lambda} + \sum_{m=0} C_m x^{m+\lambda+2} = 0$$

로 된다. 위의 두 번째 항에서 $x^{m+\lambda+2}$을 $x^{m+\lambda}$로 차수를 낮추어 정리하면

$$(\lambda+\nu)(\lambda-\nu)\, C_0 x^{\lambda} + (1+\lambda+\nu)(1+\lambda-\nu)\, C_1 x^{\lambda+1}$$
$$+ \sum_{m=2} \{(m+\lambda+\nu)(m+\lambda-\nu)\, C_m + C_{m-2}\} x^{m+\lambda} = 0$$

이다. 위의 식에서 $C_0 \neq 0$일 때 결정방정식은

$$(\lambda+\nu)(\lambda-\nu) = 0$$

에서 근은 $\lambda_1 = \nu$와 $\lambda_2 = -\nu$이다. 그리고 순환공식은

$$C_m = \frac{-1}{(m+\lambda+\nu)(m+\lambda-\nu)} C_{m-2} \qquad (m \geqq 2)$$

이다.

(1) $\lambda = \lambda_1 = \nu$일 때

순환공식은 위의 식에서

$$C_m = -\frac{1}{m(m+2\nu)} C_{m-2}$$

이고, $C_1 = 0$이므로 $C_3 = C_5 \cdots\cdots = C_{2m+1} = 0$이 된다. 위의 순환공식에서 $m = 2n$이라 하면

$$C_{2n} = -\frac{1}{2^2 n(n+\nu)} C_{2n-2} \qquad (n = 1,\ 2,\ \cdots\cdots)$$

이고, C_0가 임의 상수이므로 C_0는

$$C_0 = \frac{1}{2^{\nu}\Gamma(\nu+1)}$$

라 한다. 여기서 $\Gamma(\nu+1)$은 다음과 같이 정의되는 감마(Gamma) 함수이다.

$$\Gamma(\alpha) = \int_0^{\infty} e^{-t}\, t^{\alpha-1}\, dt \tag{1-97}$$

식 (1-97)에서

$$\Gamma(\alpha+1) = \int_0^{\infty} e^{-t}\, t^{\alpha}\, dt$$
$$= e^{-t} t^{\alpha} \int_0^{\infty} + \alpha \int_0^{\infty} e^{-t}\, t^{\alpha-1}\, dt$$

이다. 위의 식에서 우변의 처음항은

$$\Gamma(\alpha+1) = \alpha\Gamma(\alpha)$$
$$\Gamma(1) = \int_0^{\infty} e^{-t} = 1$$

이므로

$$\Gamma(\alpha+1) = \alpha\Gamma(\alpha) = \alpha(\alpha-1)(\alpha-2)\cdots\cdots\Gamma(1)$$

가 되어

$$\Gamma(\alpha+1)=\alpha!$$

이다. 그러면 위의 순환공식 C_{2m}에서

$$C_2=-\frac{C_0}{2^2(\nu+1)}=-\frac{1}{2^{2+\nu}1!\Gamma(\nu+2)}$$

$$C_4=-\frac{C_2}{2^2 2(\nu+2)}=\frac{1}{2^{4+\nu}2!\Gamma(\nu+3)}$$

$$\cdots\cdots\cdots\cdots\cdots\cdots\cdots\cdots$$

$$C_{2n}=\frac{(-1)^n}{2^{2n+\nu}n!\Gamma(\nu+n+1)}$$

이다.

위의 계수를 해 y에 대입하면 $J_\nu(x)$로 표기되는 베셀 방정식의 특해

$$J_\nu(x)=x^\nu\sum_{n=0}\frac{(-1)^n x^{2n}}{2^{2n+\nu}n!\Gamma(\nu+n+1)} \tag{1-98}$$

이 구해진다. 식 (1-98)이 ν차 제1종 베셀 함수(Bessel function of the first kind)이다. 또 ν를 $-\nu$로 바꾸면

$$J_{-\nu}(x)=x^{-\nu}\sum_{n=0}\frac{(-1)^n x^{2n}}{2^{2n-\nu}n!\Gamma(n-\nu+1)} \tag{1-99}$$

이다. 식 (1-96)의 베셀 방정식은 ν^2을 포함하기 때문에 식 (1-98)과 (1-99)는 같은 ν에 대한 방정식의 해이다. 만약, ν이 정수가 아니면 식 (1-98)과 (1-99)에서 x^ν와 $x^{-\nu}$가 배수가 되므로 $J_\nu(x)$와 $J_{-\nu}(x)$는 1차 독립이므로 다음의 결론을 얻는다.

정리 10 **베셀 함수의 일반해**

만약 ν가 정수가 아니면 모든 $x\neq 0$에 대한 베셀 방정식의 일반해 $y(x)$는

$$y(x)=C_1 J_\nu(x)+C_2 J_{-\nu}(x) \tag{1-100}$$

이다. ν가 정수이면 식 (1-100)은 일반해가 아니다.

정리 11 베셀 함수 $J_\nu(x)$와 $J_{-\nu}(x)$의 1차 종속

정수 $\nu=m$에 대해서 베셀 함수 $J_m(x)$와 $J_{-m}(x)$는

$$J_{-m}(x)=(-1)^m J_m(x) \tag{1-101}$$

의 관계가 성립하므로 1차 종속이다.

● 증명 ● 식 (1-99)에서 $\nu=m$일 때 $\Gamma(n-m+1)=(n-m)!$가 되므로 $n=m$에서 $J_{-m}(x)$가 시작하여야 한다. 그러므로 $J_{-m}(x)$는

$$\begin{aligned} J_{-m}(x) &= \sum_{n=m} \frac{(-1)^n x^{2n-m}}{2^{2n-m} n!(n-m)!} \\ &= \sum_{k=0} \frac{(-1)^{m+k} x^{2k+m}}{2^{2k+m} k!(m+k)!} \end{aligned}$$

이다. 위의 식에서 $k=n-m$이고 우변은

$$J_{-m}(x)=x^m(-1)^m \sum_{k=0} \frac{(-1)^k x^{2k}}{2^{2k+m} k!(m+k)!}$$

이므로 식 (1-98)과 비교하면

$$J_{-m}(x)=(-1)^m J_m(x)$$

이다. ■

연습문제

1. 미분방정식의 해를 급수해법으로 구하여라.

(1) $y'=2y$

(2) $y'+y=0$

(3) $y'=ky$

(4) $(1-x)y'=y$

(5) $(x+1)y'=3y$

(6) $(1+x)y'+y=0$

(7) $y' + 2xy = 0$

(8) $y' = 3x^2 y$

(9) $y'' - y = 0$

(10) $y'' + 4y = 0$

2. 미분방정식의 기본해를 구하여라.

(1) $x(1-x)y'' + 2(1-2x)y' - 2y = 0$

(2) $16x^2 y'' + 3y = 0$

(3) $2x(x-1)y'' - (x+1)y' + y = 0$

(4) $xy'' + 2y' + xy = 0$

(5) $x^2 y'' + 6xy' + (6 - x^2)y = 0$

(6) $x^2 y'' + 6xy' + (x^2 + 6)y = 0$

(7) $2x^2 y'' + xy' - 3y = 0$

(8) $xy'' - y = 0$

(9) $xy'' + (1-2x)y' + (x-1)y = 0$

(10) $x^2 y'' + x^3 y' + (x^2 - 2)y = 0$

(11) $x^2 y'' + 4xy' + (x^2 + 2)y = 0$

(12) $(x+1)^2 y'' + (x+1)y' - y = 0$

3. 함수를 초기하급수로 표시하여라.

(1) $(1-x)^{-1}$

(2) $\ln(1+x)$

(3) $\tan^{-1} x$

(4) $(1+x)^{-n} + (1-x)^{-n}$

(5) $(1 + \sqrt{1-x})^{-n}$

(6) $\ln\{(1+x)(1-x)^{-1}\}$

4. 미분방정식을 초기하급수의 항으로 풀어라.

(1) $3x(1-x)y'' + (1-5x)y' + y = 0$

(2) $4x(x-1)y'' + 2(4x-1)y' + y = 0$

(3) $2x(x-1)y''+(6x+1)y'+2y=0$

(4) $2x(1-x)y''+(1-5x)y'-y=0$

5. 다음 식을 증명하여라.

(1) $(\beta-\alpha)F(\alpha,\ \beta,\ \gamma;x)+\alpha F(\alpha+1,\ \beta,\ \gamma;x)$
$$-\beta F(\alpha,\ \beta+1,\ \gamma;x)=0$$

(2) $(\gamma-\alpha-\beta)F(\alpha,\ \beta,\ \gamma;x)+\alpha(1-x)F(\alpha+1,\ \beta,\ \gamma;x)$
$$+(\beta-\gamma)F(\alpha,\ \beta-1,\ \gamma;x)=0$$

(3) $(\gamma-\alpha-1)F(\alpha,\ \beta,\ \gamma;x)+\alpha F(\alpha+1,\ \beta,\ \gamma;x)$
$$+(1-\gamma)F(\alpha,\ \beta,\ \gamma-1;x)=0$$

6. $(x^2-1)^n$을 이항정리에 의해 전개하고, n회 미분하여 다음 Rodriques 공식을 증명하여라.

$$\begin{aligned} p_{n(x)} &= \frac{1}{2^n n!}\frac{d^n}{dx^n}(x^2-1)^n \\ &= \frac{(2n)!}{(n!)^2 2^n}\left[x^n-\frac{n(n-1)}{2(2n-1)}x^{n-2}+\frac{n(n-1)(n-2)(n-3)}{2\cdot 4(2n-1)(2n-3)}x^{n-4}+\cdots\cdots\right] \end{aligned}$$

7. 다음을 증명하여라.

$$p_{2m}(-x)=p_{2m}(x)$$
$$p_{2m+1}(-x)=-p_{2m+1}(x)$$

8. $2^n n!p_n(x)=\dfrac{d^m}{dx^n}(x^2-1)^n$을 증명하여라.

9. $p_n(x)=\displaystyle\sum_{k=0}^{\left[\frac{1}{2}n\right]}(-1)^k\frac{(2n-2k)!}{2^n k!(n-k)!(n-2k)!}x^{n-2k}$을 증명하여라.

10. $\displaystyle\int_{-1}^{+1}p_r(s)p_s(x)dx$을 계산하여라.

11. $f(x) = x^4 + 2x^3 + 2x^2 - x - 3$ 을 르장드르 다항식으로 표시하여라.

12. $(1-2xt+t^2)^{-1/2} = p_0(x) + p_1(x)t + p_2(x)t^2 + \cdots\cdots + p_k(x)t^k + \cdots\cdots$ 임을 증명하여라.

13. 베셀 함수에 대한 다음의 항등식을 증명하여라.

(1) $\left[x^m J_m(x)\right]' = x^m J_{m-1}(x)$

(2) $\left[x^{-m} J_m(x)\right]' = -x^{-m} J_{m+1}(x)$

(3) $J_{m-1}(x) + J_{m+1}(x) = 2mx^{-1} J_m(x)$

(4) $J_{m-1}(x) - J_{m+1}(x) = 2J_m{}'(x)$

(5) $J_{\frac{1}{2}}(x) = \sqrt{\dfrac{2}{\pi x}} \sin x$

(6) $J_{-\frac{1}{2}}(x) = \sqrt{\dfrac{2}{\pi x}} \cos x$

(7) $J_{\frac{3}{2}}(x) = \sqrt{\dfrac{2}{\pi x}} \left(\dfrac{\sin x}{x} - \cos x\right)$

(8) $J_{-\frac{3}{2}}(x) = -\sqrt{\dfrac{2}{\pi x}} \left(\dfrac{\cos x}{x} + \sin x\right)$

14. $y = \sqrt{x}\, J_n(ax)$ 는 $y'' + \left(a^2 - \dfrac{4n^2-1}{4x^2}\right)y = 0$ 의 해임을 증명하여라.

15.
$$
\begin{aligned}
e^{\frac{1}{2}x\left(t-\frac{1}{t}\right)} &= J_0(x) + tJ_1(x) + \cdots\cdots + t^k J_k(x) + \cdots\cdots + t^{-1}J_{-1}(x) \\
&\quad + \cdots\cdots + t^{-k} J_{-k}(x) \\
&= \sum_{m=-\infty}^{\infty} t^m J_m(x)
\end{aligned}
$$

임을 증명하여라.

제 2 장

라플라스 변환

2-1 라플라스 변환의 정의

$f(t)$를 모든 $t \geq 0$에 대해서 정의된 주어진 함수라 하면 $f(t)$에 e^{-st}를 곱하고 0에서 ∞까지 적분하여 그 값이 존재하면 그것은 s의 함수, 즉

$$F(s) = \int_0^{\infty} e^{-st} f(t) dt$$

가 된다. 이 함수 $F(s)$를 원래의 함수 $f(t)$의 **라플라스 변환**(Laplace transform)이라 하며 식 (2-1)과 같이 표시한다.

$$\begin{aligned} F(s) &= \mathcal{L}[f(t)] \\ &= \int_0^{\infty} e^{-st} f(t) dt \end{aligned} \tag{2-1}$$

하나의 주어진 함수 $f(t)$로부터 함수 $F(s)$를 얻어지는 연산이 라플라스 변환이다. 식 (2-1)의 원래의 함수 $f(t)$를 $F(s)$의 **역변환**(inverse transform)이라 하고 $\mathcal{L}^{-1}(F)$로 표시한다. 즉

$$f(t) = \mathcal{L}^{-1}[F(s)]$$

원래의 함수는 소문자로, 그 변형된 함수는 대문자로 표기하기로 한다. 따라서 $F(s)$는 $f(t)$의 변환, $Y(s)$는 $y(t)$의 변환이다.

예 2-1 $f(t) = 1 \ (t \geq 0)$의 $F(s)$를 구하여라.

• 풀이 •
$$\begin{aligned} F(s) &= \mathcal{L}[f(t)] = \mathcal{L}(1) \\ &= \int_0^{\infty} 1e^{-st} dt \\ &= -\frac{e^{-st}}{s}\Big|_0^{\infty} \\ &= \frac{1}{s} \end{aligned}$$ ■

예 2-2 함수 $f(t)=e^{at}$ $(t \geqq 0,\ a$는 상수)의 $\mathcal{L}[f(t)]$를 구하여라.

• 풀이 •

$$F(s)=\int_0^\infty e^{-st}e^{at}dt$$

$$=\int_0^\infty e^{-(s-a)t}dt$$

$$=\frac{e^{-(s-a)t}}{-(s-a)}\bigg|_0^\infty=\frac{1}{s-a} \quad \blacksquare$$

2-2 함수의 라플라스 변환과 기본정리

정리 1 라플라스 변환은 선형연산이다. 즉, 임의의 상수 a, b에 대하여

$$\mathcal{L}\left[af(t)+bg(t)\right]=\int_0^{\infty} e^{-st}\left[af(t)+bg(t)\right]dt$$

가 된다. 즉,

$$\begin{aligned}\mathcal{L}\left[af(t)+bg(t)\right]&=a\int_0^{\infty} e^{-st}f(t)dt+b\int_0^{\infty} e^{-st}g(t)dt\\&=a\mathcal{L}\left[f(t)\right]+b\mathcal{L}\left[g(t)\right]\end{aligned} \tag{2-2}$$

이다.

예 2-3 $f(t)=\sin\omega t$, $f(t)=\cos\omega t$의 $F(s)$를 구하여라.

• **풀이** • ① $f(t)=\sin\omega t$

$$\begin{aligned}F(s)&=\int_0^{\infty} e^{-st}\sin\omega t dt\\&=\int_0^{\infty} e^{-st}\left(\frac{e^{i\omega t}-e^{-i\omega t}}{2i}\right)dt\\&=\int_0^{\infty}\frac{1}{2i}e^{-st}e^{i\omega t}dt-\int_0^{\infty}\frac{1}{2i}e^{-st}e^{-i\omega t}dt\\&=\frac{1}{2i(s-i\omega)}-\frac{1}{2i(s+i\omega)}\\&=\frac{\omega}{s^2+\omega^2}\end{aligned}$$

② $f(t)=\cos\omega t$

$$\begin{aligned}F(s)&=\mathcal{L}(\cos\omega t)=\mathcal{L}\left(\frac{e^{i\omega t}+e^{-i\omega t}}{2}\right)\\&=\frac{1}{2}\left(\frac{1}{s-i\omega}+\frac{1}{s+i\omega}\right)\\&=\frac{s}{s^2+\omega^2}\end{aligned}$$ ■

예 2-4 $f(t)=\sinh at$, $f(t)=\cosh at$의 $F(s)$를 구하여라.

• **풀이** • ① $f(t)=\sinh at$

$$F(s)=\mathcal{L}[\sinh at]=\mathcal{L}\left(\frac{e^{at}-e^{-at}}{2}\right)=\frac{a}{s^2-a^2}$$

② $f(t)=\cosh at$

$$F(s)=\mathcal{L}[\cosh at]=\mathcal{L}\left(\frac{e^{at}+e^{-at}}{2}\right)=\frac{s}{s^2-a^2} \quad \blacksquare$$

정리 2 e^{at}배한 함수의 라플라스 변환은 함수의 라플라스 변환식에서 s 대신 $s-a$로 바꾼 것과 같다. 이것을 제1변위정리(第一變位定理, first shifting theorem)라 한다. 즉, $\mathcal{L}[f(t)]=F(s)$일 때

$$\mathcal{L}\left[e^{at}f(t)\right]=F(s-a) \tag{2-3}$$

이다.

• **증명** • $\mathcal{L}[e^{at}f(t)]=\int_0^\infty e^{-st}[e^{at}f(t)]dt=\int_0^\infty e^{-(s-a)t}f(t)dt$

$$=F(s-a) \quad \blacksquare$$

예 2-5 $f(t)=e^{at}\sin\omega t$, $f(t)=e^{at}\cos\omega t$의 $F(s)$를 구하여라.

• **풀이** • (예 2-3)과 변위정리에서

$$\mathcal{L}[e^{at}\sin\omega t]=\frac{\omega}{(s-a)^2+\omega^2}$$

$$\mathcal{L}[e^{at}\cos\omega t]=\frac{s-a}{(s-a)^2+\omega^2} \quad \blacksquare$$

예 2-6 $f(t)=t^a$의 $F(s)$를 구하여라.

• **풀이** • $F(s)=\mathcal{L}(t^a)=\int_0^\infty e^{-st}t^a dt$

여기서 $st=x$라 놓고 감마 함수의 정의식을 이용하면

$$F(s)=\int_0^\infty e^{-x}\left(\frac{x}{s}\right)^a \frac{1}{s}\,dx=\frac{1}{s^{a+1}}\int_0^\infty e^{-x}x^a dx$$
$$=\frac{\Gamma(a+1)}{s^{a+1}} \qquad (s>0)$$
$$=\begin{cases}\dfrac{\Gamma(a+1)}{s^{a+1}} & (a\text{는 임의의 양수})\\[2mm] \dfrac{a!}{s^{a+1}} & (a\text{는 양의 정수})\end{cases}$$ ■

앞의 예는 공학에서 많이 사용되는 대표적인 함수이며 이를 종합하면 〈표 2-1〉과 같다.

〈표 2-1〉

	$f(t)$	$F(s)$
1	1	$\frac{1}{s}$
2	t	$\frac{1}{s^2}$
3	t^2	$\frac{2!}{s^3}$
4	$t^n\ (n=1, 2, \cdots, n)$	$\frac{n!}{s^{n+1}}$
5	t^a	$\frac{\Gamma(a+1)}{s^{a+1}}$ (a가 임의의 양수) $\frac{a!}{s^{a+1}}$ (a가 양의 정수)
6	e^{at}	$\frac{1}{s-a}$
7	$\sin\omega t$	$\frac{\omega}{s^2+\omega^2}$
8	$\cos\omega t$	$\frac{s}{s^2+\omega^2}$
9	$\sinh at$	$\frac{a}{s^2-a^2}$
10	$\cosh at$	$\frac{s}{s^2-a^2}$
11	$e^{at}f(t)$	$F(s-a)$
12	$t^n e^{at}$	$\frac{n!}{(s-a)^{n+1}}$

정리 3 $\mathcal{L}[f(t)] = F(s)$일 때에

$$\mathcal{L}\left[t^n f(t)\right] = (-1)^n F^{(n)}(s) \tag{2-4}$$

• **증명** • $F(s) = \mathcal{L}[f(t)] = \int_0^\infty e^{-st} f(t)dt$

의 양변을 s에 대하여 미분하면

$$\begin{aligned}
F'(s) &= \frac{d}{ds}\int_0^\infty e^{-st} f(t)dt = \int_0^\infty \frac{\partial}{\partial s}\left[e^{-st} f(t)\right]dt \\
&= \int_0^\infty (-t)e^{-st} f(t)dt = \int_0^\infty \left[-tf(t)\right]e^{-st}dt \\
&= -\mathcal{L}[tf(t)] \\
F''(s) &= \int_0^\infty \frac{\partial}{\partial s}\left[-tf(t)e^{-st}\right]dt = (-1)^2\int_0^\infty \left[t^2 f(t)\right]e^{-st}dt \\
&= (-1)^2 \mathcal{L}\left[t^2 f(t)\right]
\end{aligned}$$

....

$$F^{(n)}(s) = (-1)^n \mathcal{L}\left[t^n f(t)\right]$$

이 된다. ■

예 2-7 함수의 라플라스 변환을 구하여라.

① $f(t) = t\sin at$

② $f(t) = t^2 \sin 2t$

③ $f(t) = t^2 \cos at$

• **풀이** • ① $\mathcal{L}[\sin at] = \dfrac{a}{s^2 + a^2}$

이므로 식 (2-4)를 이용하여

$$\mathcal{L}[t\sin at] = -\frac{d}{ds}\left(\frac{a}{s^2 + a^2}\right) = \frac{2as}{(s^2 + a^2)^2}$$

② $\mathcal{L}[\sin 2t] = \dfrac{2}{s^2 + 2^2}$

$$\mathcal{L}\left[t^2 \sin 2t\right] = (-1)^2 \frac{d^2}{ds^2}\left(\frac{2}{s^2 + 2^2}\right) = \frac{12s^2 - 16}{(s^2 + 2^2)^3}$$

③ $\mathcal{L}[\cos at] = \dfrac{s}{s^2+a^2}$

$$\mathcal{L}[t^2\cos at] = (-1)^2\frac{d^2}{ds^2}\left(\frac{s}{s^2+a^2}\right) = \frac{2s(s^2-3a^2)}{(s^2+a^2)^3} \quad ■$$

정리 4 $\mathcal{L}[f(t)] = F(s)$

$$\mathcal{L}\left[\frac{f(t)}{t}\right] = \int_s^{\infty} F(s)ds \tag{2-5}$$

• 증명 • $F(s) = \mathcal{L}[f(t)] = \int_0^{\infty} e^{-st}f(t)dt$

의 양변을 s에서 ∞까지 적분하면 이중적분이 된다. 이때 적분순서를 교환하면

$$\begin{aligned}\int_s^{\infty} F(s)ds &= \int_s^{\infty}\left[\int_0^{\infty} e^{-st}f(t)dt\right]ds \\ &= \int_0^{\infty}\left[\int_s^{\infty} f(t)e^{-st}ds\right]dt \\ &= \int_0^{\infty} f(t)\left[\int_s^{\infty} e^{-st}ds\right]dt \\ &= \int_0^{\infty} f(t)\left[\frac{e^{-st}}{-t}\right]_s^{\infty}dt \\ &= \int_0^{\infty}\frac{f(t)}{t}e^{-st}dt \\ &= \mathcal{L}\left[\frac{f(t)}{t}\right]\end{aligned}$$

이 된다.

이 정리는 $F(s)$를 계속 적분하여 일반적인 경우로 확장할 수 있다. ■

예 2-8 $f(t) = \dfrac{\sin at}{t}$ 의 $F(s)$를 구하여라.

• 풀이 • $\mathcal{L}[\sin at] = \dfrac{a}{s^2+a^2}$

이므로 식 (2-5)를 이용하여

$$\mathcal{L}\left[\frac{\sin at}{t}\right] = \int_s^{\infty}\frac{a}{s^2+a^2}ds$$

$$= \left[\tan^{-1}\frac{s}{a}\right]_s^\infty$$

$$= \frac{\pi}{2} - \tan^{-1}\frac{s}{a} = \cot^{-1}\frac{s}{a} \quad ■$$

예 2-9 함수 $F(s) = \dfrac{s}{(s^2-1)^2}$ 의 라플라스 역변환을 구하여라.

• 풀이 • $\mathcal{L}[f(t)] = \dfrac{s}{(s^2-1)^2}$

라 놓으면

$$\mathcal{L}\left[\frac{f(t)}{t}\right] = \int_s^\infty F(s)\,ds$$

$$= \int_s^\infty \frac{s}{(s^2-1)^2}\,ds$$

$$= \left[\frac{-1}{2(s^2-1)}\right]_s^\infty$$

$$= \frac{1}{2}\frac{1}{s^2-1}$$

$$= \frac{1}{4}\left(\frac{1}{s-1} - \frac{1}{s+1}\right)$$

이므로

$$\frac{f(t)}{t} = \mathcal{L}^{-1}\left[\frac{1}{4}\left(\frac{1}{s-1} - \frac{1}{s+1}\right)\right]$$

$$= \frac{1}{4}(e^t - e^{-t})$$

$$= \frac{1}{2}\sinh t$$

이 되어

$$f(t) = \frac{1}{2}t\sinh t$$

이다. ■

연습문제

1. 다음 함수의 $F(s)$를 구하여라.

(1) $f(t)=3t+4$

(2) $f(t)=t^2+2t+3$

(3) $f(t)=e^{at+b}$

(4) $f(t)=\cos(at+b)$

(5) $f(t)=\cos t\cos 2t$

(6) $f(t)=e^{-t}\sin(\omega t+a)$

(7) $f(t)=\dfrac{1-e^t}{t}$

(8) $f(t)=te^{-t}\sin t$

2. 그림과 같이 표시된 함수의 $F(s)$를 구하여라.

(1)

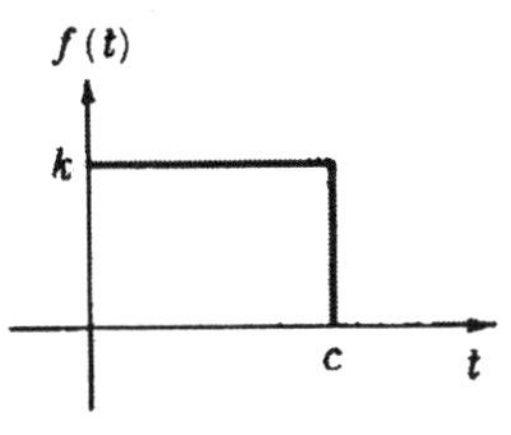

(2)

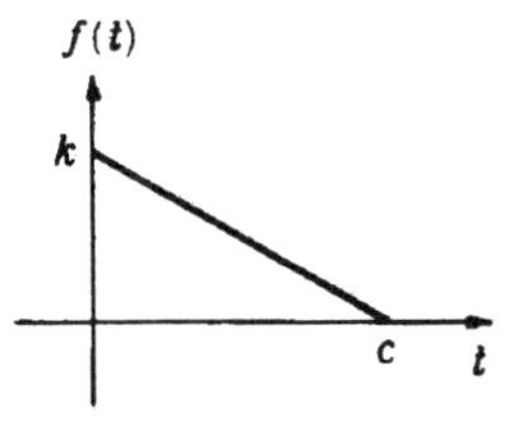

(3)

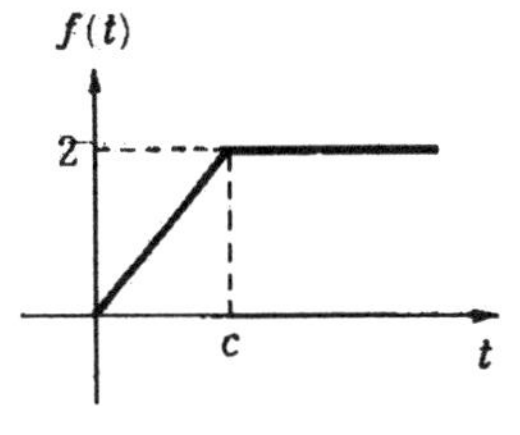

2-3 미분과 적분의 라플라스 변환

함수 $f(t)$의 미분 및 적분의 라플라스 변환에 대한 정리는 미분방정식을 푸는 데 중요한 역할을 할 뿐만 아니라, 라플라스 변환 및 역변환을 구하는 데도 많이 이용된다. 간단히 말해서 함수 $f(t)$의 미분 및 적분은 변환 $F(s)$에 s를 곱하거나 나누어서 간단한 대수적 연산으로 대치할 수 있게 한다.

정리 5 $f(t)$ 및 그 도함수 $f'(t)$가 $t>0$에서 연속 또는 부분연속이고

$$\lim_{t\to\infty} f(t)e^{-st}=0$$

$$\lim_{t\to 0} f(t)=f(0)$$

이면

$$\mathcal{L}\left[\frac{df(t)}{dt}\right]=\mathcal{L}\,[f'(t)]=s\mathcal{L}\,[f(t)]-f(0)$$

$$=sF(s)-f(0^+) \qquad (2\text{-}6)$$

가 된다.

• 증명 • $F(s)=\mathcal{L}\,[f(t)]=\int_0^\infty e^{-st}f(t)dt$

이므로 부분적분으로 $F(s)$를 구하면

$$F(s)=-\frac{1}{s}e^{-st}f(t)\Big|_0^\infty+\int_0^\infty \frac{1}{s}e^{-st}\left[\frac{df(t)}{dt}\right]dt$$

$$=\frac{1}{s}f(0)+\frac{1}{s}\mathcal{L}\left[\frac{df(t)}{dt}\right]$$

가 되므로

$$\mathcal{L}\left[\frac{df(t)}{dt}\right]=sF(s)-f(0)$$

이며 이것을 이용하여

$$\begin{aligned}\mathcal{L}[f''(t)] &= s\mathcal{L}[f'(t)] - f'(0) \\ &= s[sF(s) - f(0)] - f'(0) \\ &= s^2F(s) - sf(0) - f'(0) \end{aligned} \quad (2\text{-}7)$$

이 되며 정리 5를 다음과 같이 확장할 수 있다.

$$\begin{aligned}\mathcal{L}[f^{(n)}(t)] &= \mathcal{L}\left[\frac{d^n f(t)}{dt^n}\right] \\ &= s^nF(s) - s^{n-1}f(0) - s^{n-2}f'(0) \cdots\cdots sf^{(n-2)}(0) - f^{(n-1)}(0) \\ &= s^nF(s) - \sum_{k=0}^{n-1} s^{n-1-k}f^{(-k)}(0) \end{aligned} \quad (2\text{-}8)$$

■

예 2-10 $f(t) = t^2$의 $F(s)$를 구하여라.

• 풀이 • $f(0) = f'(0) = 0$, $f''(t) = 2$, $\mathcal{L}(2) = \dfrac{2}{s}$이므로 식 (2-7)로부터

$$\mathcal{L}[f''(t)] = \mathcal{L}(2) = \frac{2}{s}$$

$$\mathcal{L}[f''(t)] = s^2F(s) - sf(0) - f'(0)$$

이 되므로

$$\mathcal{L}[f(t)] = \frac{2}{s^3}$$

이다. ■

예 2-11 $f(t) = \sin^2 t$의 $F(s)$를 구하여라.

• 풀이 • $f'(t) = 2\sin t\cos t = \sin 2t$, $f(0) = 0$

양변에 라플라스 변환하면

$$sF(s) - f(0) = \frac{2}{s^2 + 2^2}$$

$$F(s) = \frac{2}{s(s^2 + 2^2)}$$

가 된다. ■

예 2-12 $f(t)=t\sin t$의 $F(s)$를 구하여라.

• 풀이 • $f'(t)=\sin t+t\cos t,\ f(0)=0,\ f'(0)=0$

$f''(t)=\cos t+\cos t-t\sin t=2\cos t-f(t)$

이다. 양변을 라플라스 변환하면

$$\mathcal{L}[f''(t)]=\mathcal{L}[2\cos t-f(t)]$$

$$s^2F(s)-sf(0)-f'(0)=2\frac{s}{s^2+1}-F(s)$$

$$F(s)=\frac{2s}{(s^2+1)^2}$$

이다. ■

정리 6 $f(t)$가 연속 또는 부분연속이고

$$\lim_{t\to\infty}e^{-st}\int_0^\infty f(t)dt=0$$

이면

$$\mathcal{L}\left[\int_0^t f(t)dt\right]=\frac{\mathcal{L}[f(t)]}{s}=\frac{F(s)}{s} \tag{2-9}$$

으로 된다.

• 증명 • $\mathcal{L}\left[\int_0^t f(t)dt\right]=\int_0^\infty e^{-st}\left[\int_0^t f(t)dt\right]dt$

로 되며 부분적분을 이용하여 적분하면

$$\mathcal{L}\left[\int_0^t f(t)dt\right]=-\frac{e^{-st}}{s}\int_0^t f(t)dt\Big|_0^\infty+\frac{1}{s}\int_0^\infty e^{-st}f(t)dt$$
$$=\frac{\mathcal{L}[f(t)]}{s}=\frac{F(s)}{s}$$

가 얻어진다. 그런데 위에서 기술한 것은 정적분의 경우이지만 부정적분의 경우는 다음과 같이 구한다.

$$f^{(-1)}(t)=\int f(t)dt=\int_0^t f(t)dt+f^{(-1)}(0)$$

여기서 $f^{(-1)}(0)$는 t가 정의 영역으로부터 $t \to 0$로 접근할 때 $f(t)$의 적분의 값이며 윗식을 라플라스 변환하면

$$\mathcal{L}\left[\int f(t)dt\right] = \mathcal{L}\left[\int_0^t f(t)dt\right] + \mathcal{L}\left[f^{(-1)}(0)\right]$$

$$= \frac{F(s)}{s} + \frac{f^{(-1)}(0)}{s} \tag{2-10}$$

이 된다. 같은 방법으로 2계의 적분의 라플라스 변환은

$$\mathcal{L}\left[\int\int f(t)dtdt\right] = \frac{F(s)}{s^2} + \frac{f^{(-1)}(0)}{s^2} + \frac{f^{(-2)}(0)}{s} \tag{2-11}$$

이며 일반적으로 n계의 적분의 라플라스 변환은

$$\mathcal{L}\left[\int\int \cdots\cdots \int f(t)dt^n\right] = \frac{F(s)}{s^n} + \sum_{k=1}^{n} \frac{f^{(-k)}(0)}{s^{n-k+1}} \tag{2-12}$$

이 된다. ■

예 2-13 다음 함수의 $f(t)$를 구하여라.

① $\mathcal{L}[f(t)] = \dfrac{a}{s(s+a)}$

② $\mathcal{L}[f(t)] = \dfrac{1}{s^2(s^2+\omega^2)}$

• 풀이 • ① $\mathcal{L}[e^{-at}] = \dfrac{1}{s+a}$

이므로 식 (2-9)로부터

$$\mathcal{L}\left[\int_0^t e^{-at}dt\right] = \frac{1}{s(s+a)}$$

이며 한편

$$\mathcal{L}\left[\int_0^t e^{-at}dt\right] = \mathcal{L}\left[-\frac{1}{a}e^{-at}\Big|_0^t\right] = \frac{1}{a}\mathcal{L}\left[1-e^{-at}\right]$$

이므로

$$\frac{1}{a}\mathcal{L}\left[1-e^{-at}\right] = \frac{1}{s(s+a)}$$

$$\mathcal{L}[1-e^{-at}]=\frac{a}{s(s+a)}$$

즉

$$f(t)=1-e^{-at}$$

② $\mathcal{L}^{-1}\left[\frac{1}{s^2+\omega^2}\right]=\frac{1}{\omega}\sin\omega t$

$$\mathcal{L}^{-1}\left[\frac{1}{s(s^2+\omega^2)}\right]=\frac{1}{\omega}\int_0^t \sin\omega t dt=\frac{1}{\omega^2}(1-\cos\omega t)$$

에서 식 (2-9)를 한 번 더 적용하면

$$\mathcal{L}^{-1}\left[\frac{1}{s^2(s^2+\omega^2)}\right]=\frac{1}{\omega^2}\int_0^t (1-\cos\omega c)dc=\frac{1}{\omega^2}\left(t-\frac{\sin\omega t}{\omega}\right)$$ ■

연습문제

1. $f(t)=\begin{cases}2t & (0\leqq t\leqq 1)\\ t & (t>1)\end{cases}$ 일 때

(1) $\mathcal{L}[f(t)]$

(2) $\mathcal{L}[f'(t)]$

2. $f(t)=\begin{cases}t^2 & (0\leqq t\leqq 1)\\ 0 & (t>0)\end{cases}$ 일 때 $\mathcal{L}[f''(t)]$를 구하고 식 (2-7)을 이용한 결과와 비교하여라.

3. 다음 식의 라플라스 변환을 구하여라.

(1) $f'(t)=\frac{d}{dt}(M\cos\beta t)$

(2) $\int f(t)dt=\int M\cos\beta t dt$

(3) $E=i(t)R+\int\frac{1}{c}i(t)dt$

(4) $E = i(t)R + L\dfrac{di(t)}{dt}$

4. 초기조건이 모두 0이라고 할 때 다음 식의 라플라스 변환을 구하여라.

(1) $L\dfrac{d^2i(t)}{dt^2} + R\dfrac{di(t)}{dt} + \dfrac{1}{c}\displaystyle\int i(t)dt = 0$

(2) $3\dfrac{d\theta}{dt} + 8\theta + 7\displaystyle\int \theta dt = 16$

(3) $\dfrac{d^2f(t)}{dt^2} + \dfrac{df(t)}{dt} + 4f(t) + 5\displaystyle\int f(t)dt = 10$

(4) $5\dfrac{dx}{dt} + 6x + 12\displaystyle\int xdt = te^{-3t}$

(5) $\dfrac{d^2x}{dt^2} + 2\dfrac{dx}{dt} + 16x = 27$

2-4 특이함수의 라플라스 변환

1. 단위계단함수

단위함수는 불연속점을 가진 **특이함수**(singular function)로서 [그림 2-1(a)]와 같이 $t<0$에서 0이고, $t>0$에서 1이 되는 함수를 **단위계단함수**(unit step function)라 하며 $u(t)$로서 표시한다.

$$u(t)=\begin{cases}0 & (t<0)\\ 1 & (t>0)\end{cases} \tag{2-13}$$

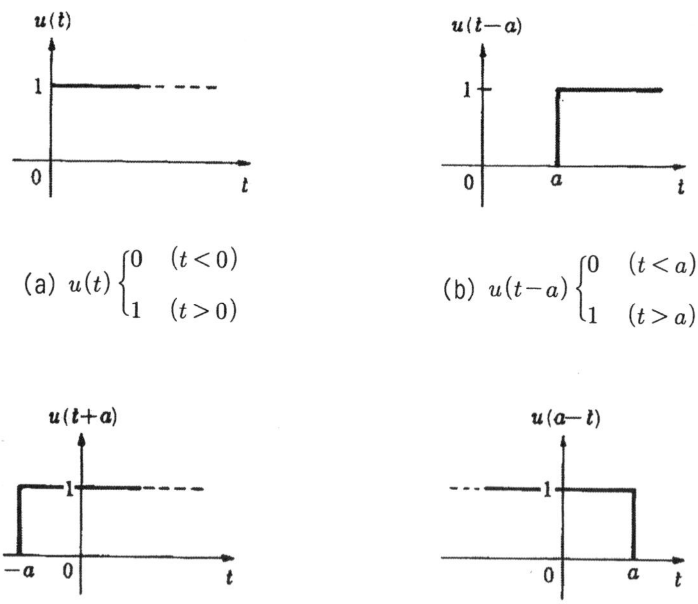

(a) $u(t)\begin{cases}0 & (t<0)\\ 1 & (t>0)\end{cases}$

(b) $u(t-a)\begin{cases}0 & (t<a)\\ 1 & (t>a)\end{cases}$

(c) $u(t+a)\begin{cases}0 & (t<-a)\\ 1 & (t>-a)\end{cases}$

(d) $u(a-t)\begin{cases}1 & (t<a)\\ 0 & (t>a)\end{cases}$

[그림 2-1]

이 단위함수의 정의는 헤비사이드(Heaviside)에서 도입된 것이며 다음과 같이 일반화되었다.

$$u_a(t) = u(t-a) = \begin{cases} 0 & (t < a) \\ 1 & (t > a) \end{cases} \tag{2-14}$$

단위함수는 [그림 2-1]과 같이 4가지 형태로 표시할 수 있으며 일반적으로 단위계단함수 $u(t-a)$는 $(t-a)$의 값이 정(正)일 때는 단위치를 가지고 $(t-a)$의 값이 부(負)일 때는 0의 값을 가진다. 이 정의는 어떠한 형태에 대해서 적용할 수 있다.

[그림 2-1]의 (a) 및 (b)의 단위계단함수의 라플라스 변환은 식 (2-1)로부터

$$\begin{aligned} \mathcal{L}\,[u_0(t)] &= \mathcal{L}\,[u(t)] \\ &= \int_0^\infty e^{-st} u(t)dt \\ &= \int_0^\infty e^{-st}\, 1dt = \frac{1}{s} \end{aligned} \tag{2-15}$$

$$\begin{aligned} \mathcal{L}\,[u_a(t)] &= \mathcal{L}\,[u(t-a)] \\ &= \int_0^\infty e^{-st} u(t-a)dt \\ &= \int_a^\infty e^{-st}\, 1dt = \frac{e^{-as}}{s} \end{aligned} \tag{2-16}$$

2. 단위구형파

두 개의 단위계단함수로부터 **단위구형파**(unit pulse)를 만들 수 있으며 [그림 2-2]에 그 방법을 나타내었다.

$$\left.\begin{aligned} f(t) &= u_a(t) - u_b(t) \\ f(t) &= u_{br}(t) - u_{ar}(t) \\ f(t) &= u_{br}(t) \cdot u_a(t) \end{aligned}\right\} \tag{2-17}$$

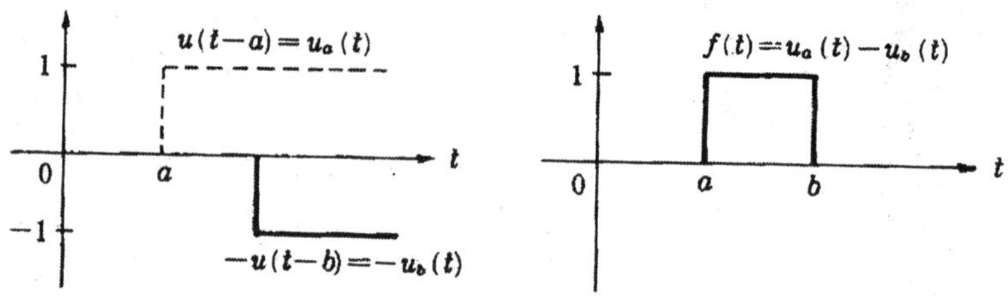

(a)

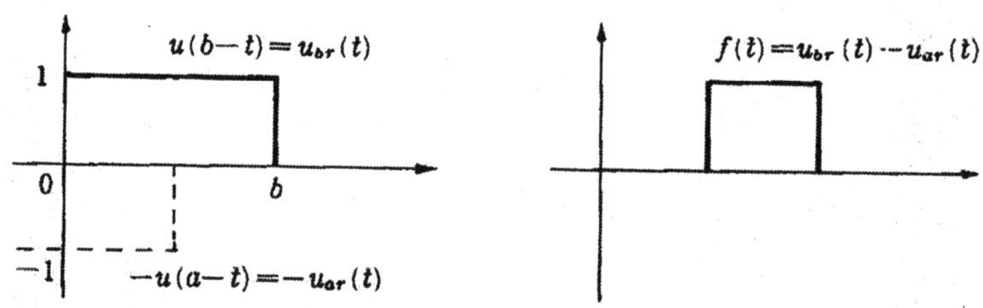

(b)

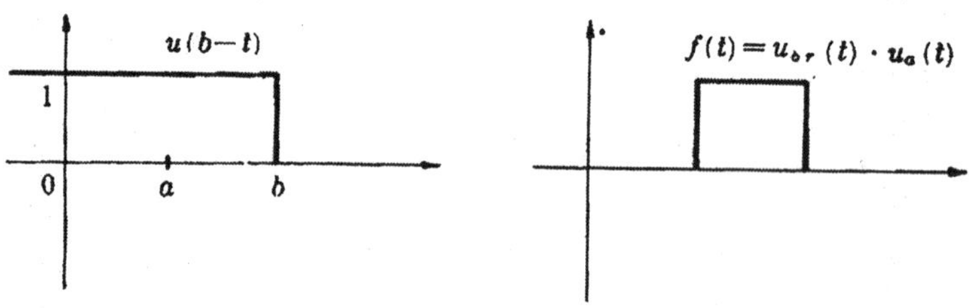

(c)

[그림 2-2]

예 2-14 [그림 2-3]과 같은 구형파의 $F(s)$를 구하여라.

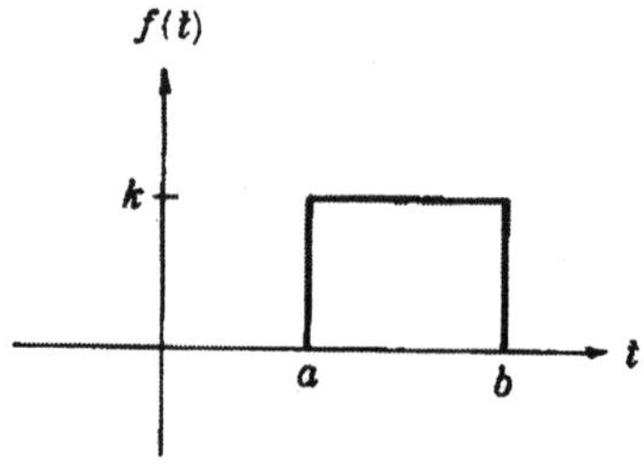

[그림 2-3]

• **풀이** • ① 그림으로 나타낸 함수를 직접 정의에서 구하면

$$\mathcal{L}[f(t)] = \int_0^\infty e^{-st} f(t)dt = k\int_a^b 1 \cdot e^{-st}dt$$

$$= -\frac{k}{s}e^{-st}\Big|_a^b = \frac{k}{s}(e^{-as} - e^{-bs})$$

이다.

② 단위구형파함수로 표시해서 구하면

$$f(t) = k[u_a(t) - u_b(t)]$$

이므로

$$\mathcal{L}[f(t)] = k\{\mathcal{L}[u_a(t)] - \mathcal{L}[u_b(t)]\}$$

가 되며 식 (2-16)으로부터

$$\mathcal{L}[f(t)] = k\left(\frac{e^{-as}}{s} - \frac{e^{-bs}}{s}\right)$$

이다. ■

3. 단위 임펄스 함수

단위 임펄스 함수는 디랙(Dirac)의 델타(delta) 함수라고도 하는데 단위계단함수와 더불어 과도응답의 해석에 있어서 중요한 함수이다.

[그림 2-4]는 이 함수를 해석하는 데 가장 간단한 방법을 나타내며 폭이 T이고 높이가 $1/T$이며 면적이 1인 구형 임펄스를 나타낸 것이다.

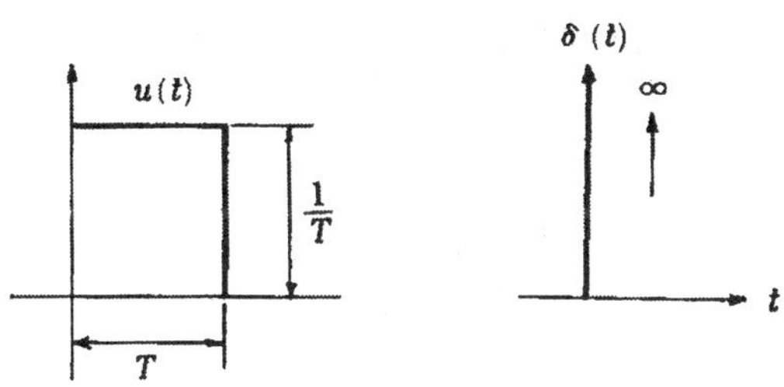

[그림 2-4]

폭 $T\to 0$으로 한 극한에서 면적은 1이 되도록 하려면, 폭은 0이 되고 높이는 무한대의 임펄스가 된다. 이 임펄스를 **단위 임펄스**라 하고 $\delta(t)$로 표시한다.

$$\delta(t)=\lim_{T\to 0}\frac{[u(t)-u(t-T)]}{T} \tag{2-18}$$

단위 임펄스의 라플라스 변환은 T가 유한일 때

$$\begin{aligned}\mathcal{L}[\delta(t)]&=\lim_{T\to 0}\frac{1}{T}\mathcal{L}[u(t)-u(t-T)]\\&=\lim_{T\to 0}\frac{1}{T}\left[\frac{1}{s}-\frac{1}{s}e^{-Ts}\right]=\lim_{T\to 0}\frac{1}{T}\frac{1}{s}[1-e^{-Ts}]\\&=\lim_{T\to 0}\frac{1}{Ts}\left[1-\left(1-Ts+\frac{T^2s^2}{2!}-\frac{T^3s^3}{3!}+\cdots\cdots\right)\right]\\&=\lim_{T\to 0}\frac{1}{Ts}\left(Ts+\frac{T^2s^2}{2!}-\frac{T^3s^3}{3!}+\cdots\cdots\right)\end{aligned}$$

$T\to 0$의 극한에서 T의 2차항 이상 0이 되므로

$$\mathcal{L}[\delta(t)]=1 \tag{2-19}$$

이 된다.

연습문제

1. 단위 임펄스 함수 $\delta(t)$의 미분값 $\delta'(t)$를 단위 daublet impulse 함수라 하고, 그림과 같은 극한으로 정의된다. 단위 daublet impulse 함수의 라플라스 변환을 구하여라.

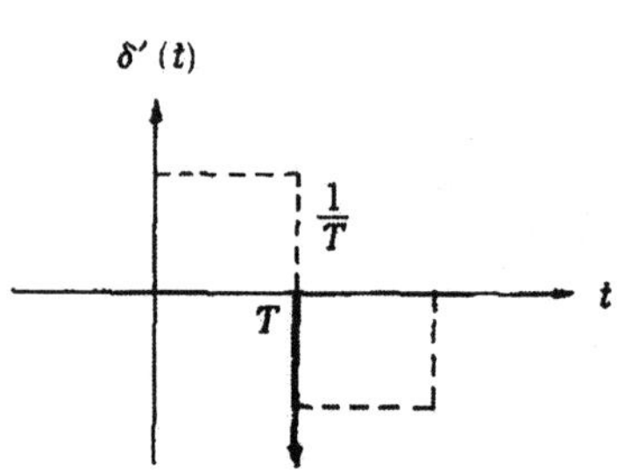

2. 단위계단전압의 구동력을 인덕터에 인가하면 이 전압에 대한 응답전류는 전압의 적분치가 직선적으로 증가하는 램프(ramp) 함수가 된다. 램프 함수의 라플라스 변환을 구하여라.

3. 다음과 같은 식을 단위계단함수로 나타내고 라플라스 변환하여라.

(1) $f(t)=\begin{cases} t & (0 < t \leqq 1) \\ 2-t & (1 \leqq t \leqq 2) \\ 0 & (t > 2) \end{cases}$

(2) $f(t)=\begin{cases} 0 & (0 \leqq t \leqq T) \\ 1 & (T \leqq t \leqq T+1) \\ 0 & (t > T+1) \end{cases}$

(3) $f(t)=\begin{cases} \dfrac{A}{T}t & (0 \leqq t \leqq T) \\ 0 & (t > T) \end{cases}$

(4) $f(t)=\begin{cases} 0 & (0 \leqq t \leqq 1) \\ 5 & (1 \leqq t \leqq 2) \\ 0 & (2 \leqq t \leqq 3) \\ -5 & (3 \leqq t \leqq 4) \end{cases}$

2-5 주기함수의 라플라스 변환

1. 상사성(similarity)의 정리

$\mathcal{L}[f(t)]$가 $F(s)$일 때 함수 $f\left(\frac{t}{a}\right)$의 변환은 a가 정의 실수일 때

$$\mathcal{L}\left[f\left(\frac{t}{a}\right)\right]=aF(as) \tag{2-20}$$

또는

$$\mathcal{L}[f(at)]=\frac{1}{a}F\left(\frac{s}{a}\right) \tag{2-21}$$

이다.

• 증명 • $\mathcal{L}\left[f\left(\frac{t}{a}\right)\right]=\int_0^{\infty}f\left(\frac{t}{a}\right)e^{-st}dt$

이므로 여기서 $\frac{t}{a}=u$라 하면

$$\mathcal{L}\left[f\left(\frac{t}{a}\right)\right]=\int_0^{\infty}f(u)\,e^{-sau}\,adu=a\int_0^{\infty}f(u)\,e^{-asu}\,du$$

가 되므로

$$\mathcal{L}\left[f\left(\frac{t}{a}\right)\right]=aF(as)$$

이고, 식 (2-21)도 같은 방법으로 증명된다. 이것은 출력을 확대 또는 축소시켜서 관측할 때나 계산기에서 시간변환계수(time scale factor)를 결정하는 데 의의가 있다. ■

2. 제2변위정리

$\mathcal{L}[f(t)]$가 $F(s)$일 때 모든 정(正)의 수 a에 대해서

$$\mathcal{L}\left[f(t-a)u(t-a)\right] = \mathcal{L}\left[f(t-a)u_a(t)\right]$$
$$= e^{-as}F(s) \qquad (2\text{-}22)$$

이다.

• **증명** •
$$\mathcal{L}\left[f(t-a)u_a(t)\right] = \int_0^\infty f(t-a)u_a(t)e^{-st}dt$$
$$= \int_a^\infty f(t-a)\cdot 1\cdot e^{-st}dt$$
$$f(t-a)u_a(t) = \begin{cases} 0 & (t<a) \\ f(t-a) & (t>a) \end{cases}$$

이므로 $t-a=u$라 하면

$$\mathcal{L}\left[f(t-a)u_a(t)\right] = \int_0^\infty f(u)e^{-s(u+a)}du$$
$$= e^{-sa}\int_0^\infty f(u)e^{-su}du$$
$$-c^{-as}F(s)$$

가 얻어진다. ■

3. 주기함수의 라플라스 변환

$f(t)=f(t+nT)$ $(n=0,\ 1,\ \cdots)$, 즉 $f(t)$가 주기 T인 주기함수이면

$$\mathcal{L}\left[f(t)\right] = \frac{1}{1-e^{-sT}}\int_0^T f_1(t)e^{-st}dt$$
$$= \frac{1}{1-e^{-sT}}F_1(s) \qquad (2\text{-}23)$$

이다. 즉, 주기함수의 라플라스 변환은 첫 주기의 변환 $F_1(s)$에 $\dfrac{1}{1-e^{-sT}}$배 한 것이다.

• **증명** • $f(t)$를 주기 T를 가진 주기함수라면

$$f(t) = f_1(t)+f_2(t)+f_3(t)+\cdots\cdots$$

$$=f_1(t)+f_1(t-T)u(t-T)+f_1(t-2T)u(t-2T)+\cdots\cdots$$

로 표시할 수 있다. 변위정리식 (2-22)로부터

$$\mathcal{L}[f(t)]=F_1(s)+e^{-sT}F_1(s)+e^{-2sT}F_1(s)+\cdots\cdots$$
$$=(1+e^{-sT}+e^{-2sT}+\cdots\cdots)F_1(s)$$
$$=\frac{1}{1-e^{-Ts}}F_1(s)$$

가 된다. ■

예 2-15 4가지 주기함수의 파형을 그리고, 라플라스 변환을 비교하여라.

① $\sin\omega(t-a)$

② $\sin\omega(t-a)u_0(t)$

③ $\sin\omega t\cdot u_a(t)$

④ $\sin\omega(t-a)u_a(t)$

• 풀이 • 1. 파형

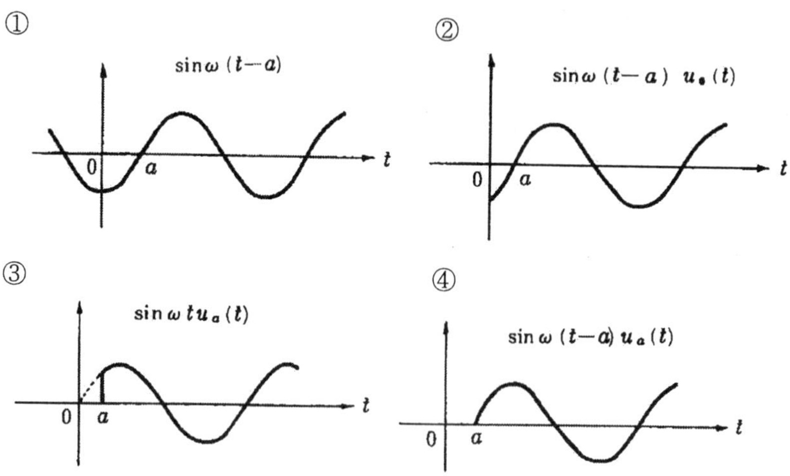

[그림 2-5]

2. 라플라스 변환

① $\mathcal{L}[\sin\omega(t-a)]=\mathcal{L}[\sin\omega t\cos\omega a-\cos\omega t\sin\omega a]$

$$=\frac{\omega\cos\omega a-s\sin\omega a}{s^2+\omega^2}$$

② $\mathcal{L}[\sin\omega(t-a)u_0(t)] = \int_0^\infty \sin\omega(t-a)\cdot 1\cdot e^{-st}dt$

$$= \frac{\omega\cos\omega a - s\sin\omega a}{s^2+\omega^2}$$

③ $\mathcal{L}[\sin\omega t u_a(t)] = \mathcal{L}[\sin\omega t u(t-a)]$

$$= \int_0^\infty \sin\omega t u(t-a)e^{-st}dt = \int_0^\infty \sin\omega t\cdot 1\cdot e^{-st}dt$$

$$= \frac{1}{2i}\int_a^\infty \left[e^{(-s+i\omega)t} - e^{(-s-i\omega)t}\right]dt$$

$$= e^{-as}\frac{\omega\cos\omega a + s\sin\omega a}{s^2+\omega^2}$$

④ 변위정리를 이용하면

$$\mathcal{L}[\sin\omega(t-a)u_a(t)] = \mathcal{L}[\sin(\omega(t-a)u(t-a)]$$

$$= e^{-as}\frac{\omega}{s^2+\omega^2}$$

가 얻어진다. 이들의 라플라스 변환의 결과는 서로 다름을 알 수 있다. ■

예 2-16 [그림 2-6]의 톱니파의 라플라스 변환을 구하여라.

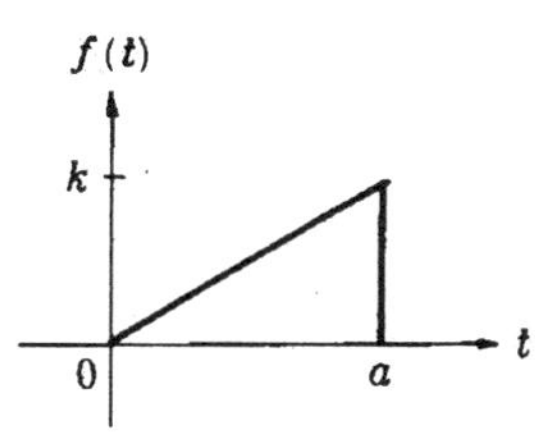

[그림 2-6]

• 풀이 • $f(t)$를 [그림 2-7]과 같이 $f_1(t)$, $f_2(t)$, $f_3(t)$로 분해할 수 있으므로

$$f(t) = f_1(t) + f_2(t) + f_3(t)$$

이며, 여기서

$$f_1(t) = \frac{k}{a}tu(t)$$

$$f_2(t) = -ku(t-a)$$

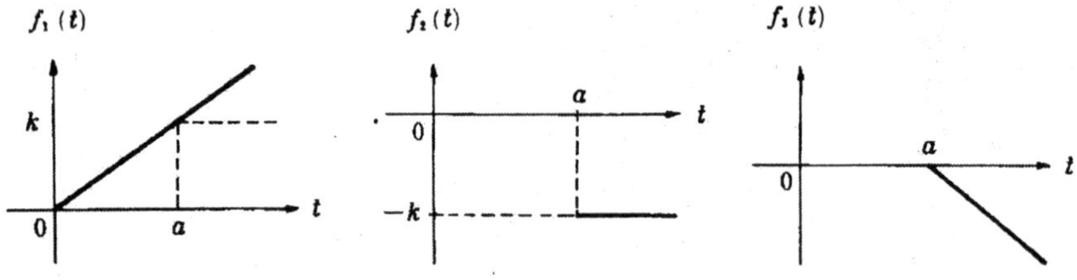

[그림 2-7]

$$f_3(t) = -\frac{k}{a}(t-a)\,u(t-a)$$

이므로

$$\begin{aligned} F(s) &= \mathcal{L}\,[f(t)] = \mathcal{L}\,[f_1(t)] + \mathcal{L}\,[f_2(t)] + \mathcal{L}\,[f_3(t)] \\ &= \frac{k}{a}\frac{1}{s^2} - k\frac{1}{s}\,e^{-as} - \frac{k}{as^2}\,e^{-as} \\ &= \frac{k}{as^2}\left[1-(as+1)\,e^{-as}\right] \end{aligned}$$

가 된다. ■

예 2-17 $F(s) = e^{-3s}/s^2$의 라플라스 역변환을 구하여라.

• 풀이 • $\mathcal{L}^{-1}\left(\frac{1}{s^2}\right) = t$

이기 때문에 변위정리식 (2-22)로부터

$$\mathcal{L}^{-1}\left[\frac{e^{-3s}}{s^2}\right] = (t-3)\,u(t-3)$$

이 된다. ■

예 2-18 [그림 2-8]과 같은 주기함수인 톱니파의 $F(s)$를 구하여라.

• 풀이 • 첫 주기의 $F_1(s)$, 즉

$$\begin{aligned} F_1(s) &= \int_0^T \frac{k}{T}\,te^{-sT}dt \\ &= -\frac{k}{s}\,e^{-sT} + \frac{k}{Ts^2}(1-e^{-sT}) \end{aligned}$$

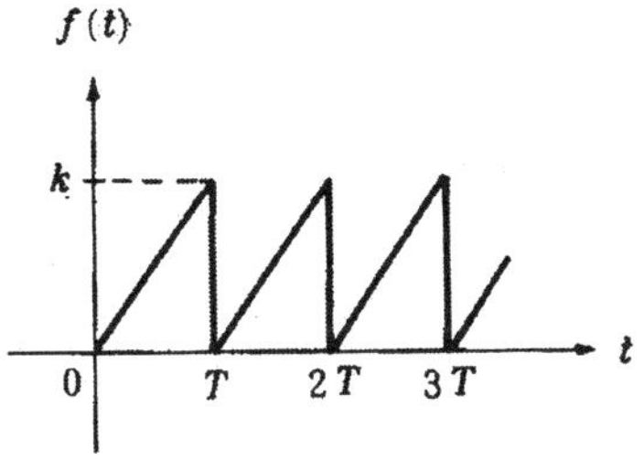

[그림 2-8]

이므로 식 (2-23)으로부터

$$F(s)=\frac{1}{1-e^{-sT}}\left[-\frac{k}{s}e^{-sT}+\frac{k}{Ts^2}(1-e^{-sT})\right]$$

$$=\frac{k}{Ts^2}-\frac{ke^{-sT}}{s(1-e^{-sT})} \quad ■$$

예 2-19 [그림 2-9]와 같은 계단파의 $F(s)$를 구하여라.

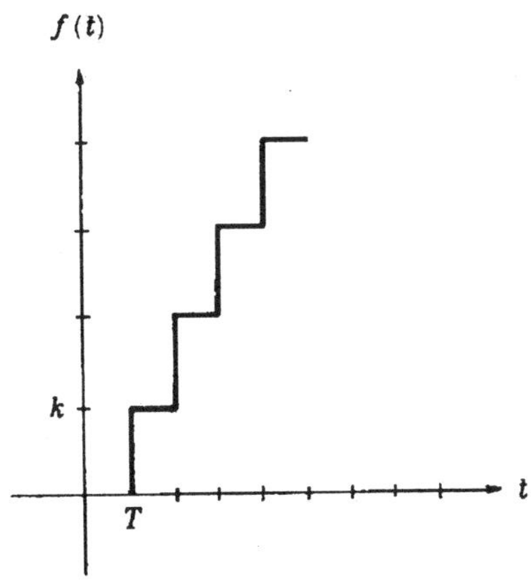

[그림 2-9]

• 풀이 • 이 계단파의 함수는

$$f(t)=ku(t-T)+ku(t-2T)+ku(t-3T)+\cdots\cdots$$

$$\mathcal{L}[f(t)]=k\mathcal{L}[u(t-T)]+k\mathcal{L}[u(t-2T)]+k\mathcal{L}[u(t-3T)]+\cdots\cdots$$

$$= k\left(\frac{e^{-sT}}{s} + \frac{e^{-2sT}}{s} + \frac{e^{-3sT}}{s} + \cdots\cdots\right)$$

$$= \frac{ke^{-sT}}{s}(1 + e^{-sT} + e^{-2sT} + \cdots\cdots)$$

$$= \frac{ke^{-sT}}{s(1 - e^{-sT})} \quad ■$$

예 2-20 [그림 2-10]과 같은 주기파의 $F(s)$를 구하여라.

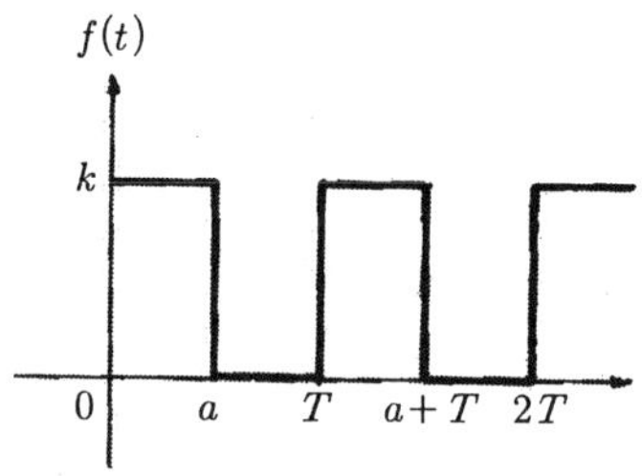

[그림 2-10]

• 풀이 • $f(t)$의 주기가 T인 주기함수이므로 첫 주기의 $F_1(s)$는

$$F_1(s) = \int_0^T f(t)\,e^{-st}\,dt$$

$$= \int_0^a ke^{-st}\,dt = \frac{k}{s}(1 - e^{-as})$$

이다. 식 (2-23)으로부터

$$F(s) = \frac{1}{1 - e^{-sT}} F_1(s)$$

$$= \frac{k}{s} \cdot \frac{1 - e^{-as}}{1 - e^{-sT}}$$

가 된다. ■

연습문제

1. 다음을 계단함수로 표시하고 $F(s)$를 구하여라.

(1)

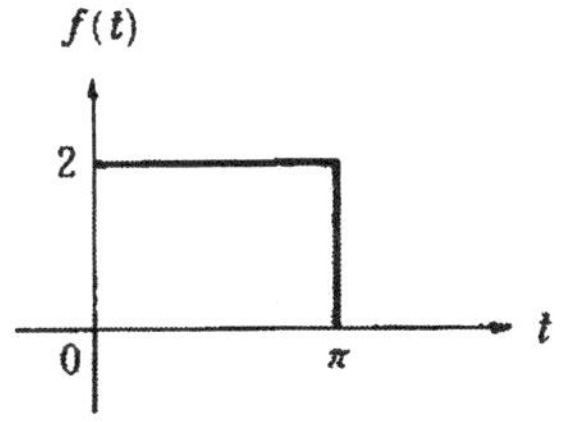

(2)

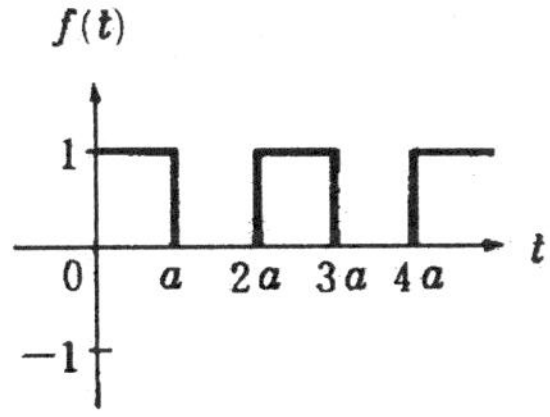

(3)

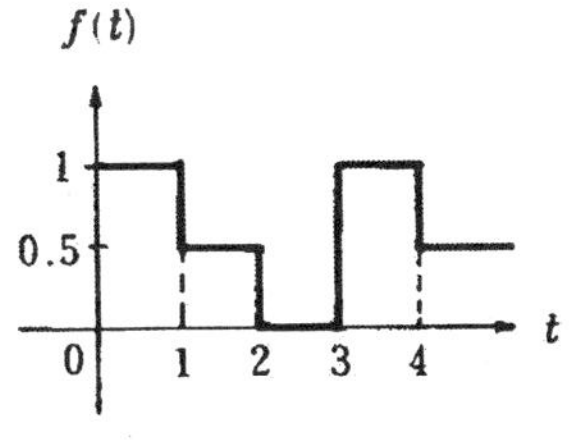

(4)

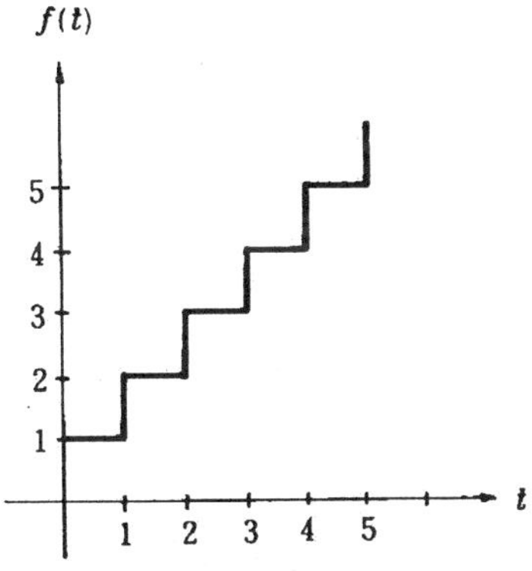

2. 괄호 안에 주어진 구간 외에는 0인 다음 함수의 그림을 그리고, $F(s)$를 구하여라.

(1) $f(t)=t^2 \quad (0<t<1)$

(2) $f(t)=e^t \quad (0<t<1)$

(3) $f(t)=1-e^{-t} \quad (0<t<\pi)$

3. 주기가 2π인 함수 $f(t)$를 그리고, $F(s)$를 구하여라.

(1) $f(t)=\pi-t \quad (0<t<2\pi)$

(2) $f(t)=t^2 \quad (0<t<2\pi)$

(3) $f(t)=e^t \qquad (0<t<2\pi)$

(4) $\begin{cases} t & (0<t<\pi) \\ 0 & (\pi<t<2\pi) \end{cases}$

4. 그림과 같이 $-\sin\omega t$ 의 반파정현파의 $F(s)$를 구하여라.

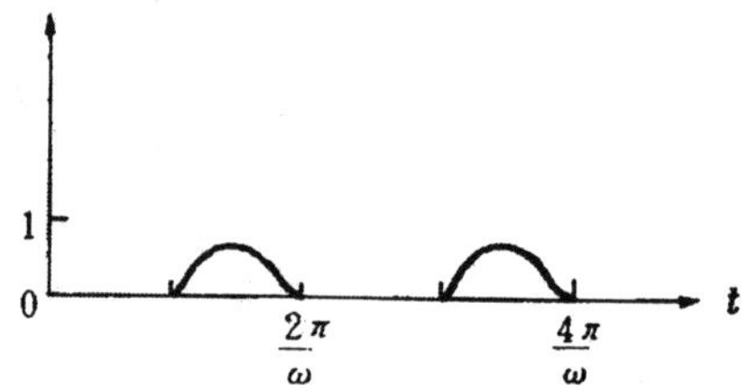

5. 그림과 같은 회로에 입력 $v(t)$를 인가했을 때 회로에 흐르는 전류 $i(t)$를 구하여라.

$$\begin{cases} v(t)=t & (0<t<1) \\ v(t+1)=v(t) \end{cases}$$

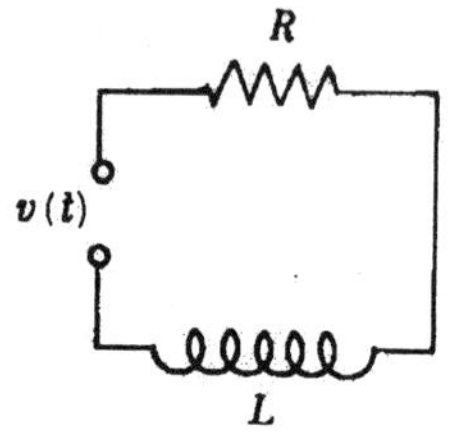

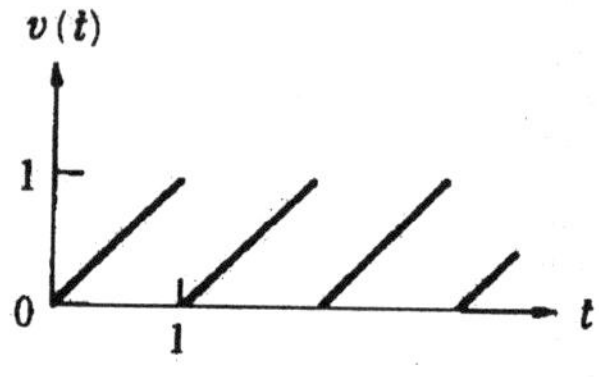

2-6 라플라스 역변환

라플라스 변환을 이용한 계통응답은 모두가 복소주파수 s의 분모, 분자 다항식으로 되어 있기 때문에 실제해석에 필요한 시간함수로 역변환을 하여야 한다. 지금 s영역으로 나타난 라플라스 변환의 일반식은

$$F(s)=\frac{M(s)}{N(s)}=\frac{a_m s^m + a_{m-1}s^{m-1}+\cdots\cdots+a_1 s+a_0}{s^n+b_{n-1}s^{n-1}+\cdots\cdots+b_1 s+b_0} \tag{2-24}$$

로 표시되며 각 경우의 역변환을 생각하자. 여기서는 $m<n$일 때만을 고려한다. 만약, $m>n$일 때에는 분자를 분모로 나누어 진분수로 나타내면 된다.

1. $m<n$이고 $N(s)=0$의 근이 모두 단근일 때

$N(s)$를 s의 다항식으로 인수분해하여

$$N(s)=(s-s_1)(s-s_2)\cdots\cdots(s-s_n)$$

으로 된다고 하면 식 (2-24)는

$$F(s)=\frac{M(s)}{N(s)}=\frac{M(s)}{(s-s_1)(s-s_2)\cdots\cdots(s-s_n)}$$

이 되며 이 식을 **부분분수**(partial fraction)를 이용하여 전개하면

$$F(s)=\frac{M(s)}{N(s)}=\frac{k_1}{s-s_1}+\frac{k_2}{s-s_2}+\cdots\cdots+\frac{k_k}{s-s_k}+\cdots\cdots+\frac{k_n}{s-s_n} \tag{2-25}$$

가 되며 전개된 부분분수의 계수 k_1, k_2, ……, k_k, ……k_n 중에서 대표적인 계수 k_k는 식 (2-25)의 양변에 $(s-s_k)$를 곱하고 $s=s_k$라 놓으면 구할 수 있다.

$$k_k=\frac{M(s)}{N(s)}(s-s_k)\bigg|_{s=s_k} \tag{2-26}$$

이렇게 하여 구한 k_k항은 역변환을 하여 t의 함수로 변환시킬 수 있다.

$$\mathcal{L}^{-1}\left[\frac{k_k}{s-s_k}\right]=k_k e^{s_k t}$$

같은 방법으로 식 (2-25)의 각 항도 역변환시킬 수 있어서

$$\begin{aligned}\mathcal{L}^{-1}[F(s)]&=\mathcal{L}^{-1}\left[\frac{M(s)}{N(s)}\right]=\mathcal{L}^{-1}\left[\sum_{k=1}^{n}\frac{k_k}{s-s_k}\right]\\&=\sum_{k=1}^{n}\left[(s-s_k)\frac{M(s)}{N(s)}\right]_{s=s_k}e^{s_k t}\end{aligned} \tag{2-27}$$

로서 전체식의 역변환을 구할 수 있다.

2. $m<n$이고 $N(s)=0$의 근이 다중근일 때

$N(s)$를 s의 다항식으로 인수분해하여

$$N(s)=(s-s_1)^p(s-s_{p+1})(s-s_{p+2})\cdots\cdots(s-s_n)$$

으로 된다면 $s=s_1$에서 p개의 다중근, $s=s_{p+1}$, s_{p+2}, ……, s_n에 단근을 갖는다. 이런 경우 식 (2-24)를 부분분수로 전개할 때는 식 (2-25)와는 달리 식 (2-28)과 같이 전개하여야 된다.

$$\begin{aligned}F(s)=\frac{M(s)}{N(s)}&=\frac{k_p}{(s-s_1)^p}+\frac{k_{p-1}}{(s-s_1)^{p-1}}+\cdots\cdots+\frac{k_2}{(s-s_1)^2}\\&+\frac{k_1}{(s-s_1)}+\frac{k_{p+1}}{(s-s_{p+1})}+\frac{k_{p+2}}{(s-s_{p+2})}+\cdots\cdots+\frac{k_n}{(s-s_n)}\end{aligned} \tag{2-28}$$

전개된 식 (2-28)에서 k_{p+1}, k_{p+2}, ……, k_n은 1의 방법으로 구할 수 있으며 다중근 $s=s_1$에 관련된 계수 k_p, k_{p-1}, ……, k_1을 구하기 위해서 식 (2-28)의 양변에 $(s-s_1)^p$를 곱하면

$$(s-s_1)^p\frac{M(s)}{N(s)}=k_p+k_{p-1}(s-s_1)+\cdots\cdots+k_2(s-s_1)^{p-2}+k_1(s-s_1)^{p-1}$$

$$+(s-s_1)^p g(s) \tag{2-29}$$

가 된다. 여기서 $g(s)$는 k_1, ……, k_n이 관련된 부분분수 전개식이다.

식 (2-29)에 $s=s_1$을 대입하면

$$k_p = (s-s_1)^p \frac{M(s)}{N(s)}\Bigg]_{s=s_1} \tag{2-30}$$

가 얻어진다. 식 (2-29)를 s로 미분하면

$$\begin{aligned}\frac{d}{ds}\left[(s-s_1)^p \frac{M(s)}{N(s)}\right] &= k_{p-1} + \cdots\cdots + k_2(p-2)(s-s_1)p^{p-1} \\ &\quad + k_1(p-1)(s-s_1)p^{p-2} \\ &\quad + \frac{d}{ds}\left\{(s-s_1)^p g(s)\right\}\end{aligned}$$

이 되며 이 식에 $s=s_1$을 대입하면

$$k_{p-1} = \frac{d}{ds}\left[(s-s_1)^p \frac{M(s)}{N(s)}\right]_{s=s_1}$$

가 된다. 같은 방법으로 일반항의 계수를 구하면

$$k_k = \frac{1}{(p-k)!}\left[\frac{d^{(p-k)}}{ds^{(p-k)}}(s-s_1)^p \frac{M(s)}{N(s)}\right]_{s=s_1} \tag{2-31}$$

로 구할 수 있다. 〈표 2-1〉로부터

$$\mathcal{L}^{-1}\left[\frac{k_k}{(s-s_1)^k}\right] = \frac{k_k}{(k-1)!}t^{k-1}e^{s_1 t}$$

이며 결과적으로 식 (2-28)의 역변환은 다음과 같다.

$$\begin{aligned}\mathcal{L}^{-1}[F(s)] = \mathcal{L}^{-1}\left[\frac{M(s)}{N(s)}\right] &= \left[\frac{k_p}{(p-1)!}t^{p-1} + \frac{k_{p-1}}{(p-2)!}t^{p-2} + \cdots\cdots\right. \\ &\quad \left. + \frac{k_2}{1!}t + k_1\right]e^{s_1 t} + \sum_{g=p+1}^{n} k_g e^{s_g t}\end{aligned} \tag{2-32}$$

예 2-21 $F(s)=\dfrac{s+1}{s^3+s^2-6s}$의 역변환을 구하여라.

• 풀이 •

$$F(s)=\frac{M(s)}{N(s)}=\frac{1}{s(s-2)(s+3)}=\frac{k_1}{s}+\frac{k_2}{s-2}+\frac{k_3}{s+3}$$

$$k_1=\left[s\frac{M(s)}{N(s)}\right]_{s=0}=\left[\frac{s+1}{(s-2)(s+3)}\right]_{s=0}=-\frac{1}{6}$$

$$k_2=\left[(s-2)\frac{M(s)}{N(s)}\right]_{s=2}=\frac{3}{10}$$

$$k_3=\left[(s+3)\frac{M(s)}{N(s)}\right]_{s=-3}=\frac{-2}{15}$$

가 되어 마지막으로 역변환을 하면

$$f(t)=\mathcal{L}^{-1}[F(s)]=\mathcal{L}^{-1}\left[-\frac{1}{6}\frac{1}{s}+\frac{3}{10}\frac{1}{s-2}-\frac{2}{15}\frac{1}{s+3}\right]$$

$$=-\frac{1}{6}+\frac{3}{10}e^{2t}-\frac{2}{15}e^{-3t} \quad ■$$

예 2-22 $F(s)=\dfrac{M(s)}{N(s)}=\dfrac{se^{-2s}}{s^2+2s+5}$의 $f(t)$를 구하여라.

• 풀이 • 이 함수는 e^{-2s} 인자 때문에 유리함수는 아니지만 제2변위정리를 이용하여 따로 계산하고 먼저

$$\mathcal{L}^{-1}\left[\frac{s}{s^2+2s+5}\right]$$

을 구하면

$$\mathcal{L}^{-1}\left[\frac{s}{s^2+2s+5}\right]=\mathcal{L}^{-1}\left[\frac{(s+1)-1}{(s+1)^2+2^2}\right]$$

$$=\mathcal{L}^{-1}\left[\frac{s+1}{(s+1)^2+2^2}-\frac{1}{2}\frac{2}{(s+1)^2+2^2}\right]$$

$$=e^{-t}\cos 2t-\frac{1}{2}e^{-t}\sin 2t$$

$$=e^{-t}\left(\cos 2t-\frac{1}{2}\sin 2t\right)$$

가 된다.

$$\mathcal{L}^{-1}\left[\frac{se^{-2s}}{(s^2+2s+5)}\right]$$

는 제2변위정리에 의해서

$$\mathcal{L}^{-1}[F(s)] = f(t) = e^{-(t-2)}\left[\cos 2(t-2) - \frac{1}{2}\sin 2(t-2)\right]u(t-2) \quad ■$$

예 2-23 $F(s) = \dfrac{s+2}{s(s+1)^2(s+3)}$ 의 $f(t)$를 구하여라.

• 풀이 •

$$\frac{M(s)}{N(s)} = \frac{s+2}{s(s+1)^2(s+3)} = \frac{k_1}{s} + \left[\frac{k_2}{(s+1)^2} + \frac{k_2}{s+1}\right] + \frac{k_4}{s+3}$$

$$k_1 = \left[s\frac{M(s)}{N(s)}\right]_{s=0} = \frac{2}{3}$$

$$k_2 = \left[(s+1)^2\frac{M(s)}{N(s)}\right]_{s=-1} = -\frac{1}{2}$$

$$k_3 = \frac{d}{ds}\left[(s+1)^2\frac{M(s)}{N(s)}\right]_{s=-1} = \frac{d}{ds}\left[\frac{s+2}{s(s+3)}\right]_{s=-1} = -\frac{3}{4}$$

$$k_4 = \left[(s+3)\frac{M(s)}{N(s)}\right]_{s=-3} = \frac{1}{12}$$

이므로

$$f(t) = \mathcal{L}^{-1}\left[\frac{k_1}{s} + \frac{k_2}{(s+1)^2} + \frac{k_3}{(s+1)} + \frac{k_4}{(s+3)}\right]$$

$$= \frac{2}{3} - \frac{1}{2}te^{-t} - \frac{3}{4}e^{-t} + \frac{1}{12}e^{-3t}$$

$$= \frac{2}{3} - \frac{1}{2}\left(t + \frac{3}{2}\right)e^{-t} + \frac{1}{12}e^{-3t} \quad ■$$

3. $m < n$ 이고 $N(s) = 0$ 의 근이 복소근일 때

$N(s)$를 s항으로 인수분해하여

$$N(s) = (s - \alpha + j\omega)(s - \alpha - j\omega)$$

으로 된다면 식 (2-24)를 다음과 같이 쓸 수 있다.

$$F(s) = \frac{M(s)}{N(s)} = \frac{N(s)}{(s-\alpha+j\omega)(s-\alpha-j\omega)}$$

$$= \frac{k}{s-\alpha+j\omega} + \frac{k^*}{s-\alpha-j\omega} \qquad (2\text{-}33)$$

여기서 k^*는 계수 k의 공범복소수이다.

식 (2-33)의 부분분수의 계수 k, k^*는 다음과 같이 구해진다.

$$k = \frac{M(s)}{N(s)}(s-\alpha+j\omega)\bigg|_{s=\alpha-j\omega} = Re^{-j\theta} \tag{2-34}$$

$$k^* = \frac{M(s)}{N(s)}(s-\alpha-j\omega)\bigg|_{s=\alpha+j\omega} = Re^{-j\theta} \tag{2-35}$$

따라서 식 (2-33)의 역변환은

$$\begin{aligned} f(t) &= \mathcal{L}^{-1}[F(s)] = \mathcal{L}^{-1}\left[\frac{Re^{-j\theta}}{s-\alpha+j\omega} + \frac{Re^{j\theta}}{s-\alpha-j\omega}\right] \\ &= Re^{-j\theta}e^{(\alpha-j\omega)t} + Re^{j\theta}e^{(\alpha+j\omega)t} \\ &= Re^{\alpha t}\left[e^{-j(\omega t+\theta)} + e^{j(\omega t+\theta)}\right] \\ &= 2Re^{\alpha t}\cos(\omega t+\theta) \end{aligned} \tag{2-36}$$

식 (2-36)의 R과 θ는 계수 k의 크기와 위상각으로 식 (2-34)에서 쉽게 구할 수 있다.

예 2-24 $F(s) = \dfrac{s^2+6s+5}{s(s^2+4s+5)}$의 $f(t)$를 구하여라.

• 풀이 • $s^2+4s+5=0$의 근은

$$(s+2)^2+1=0$$
$$s=-2+j1$$
$$s=-2-j1$$

이므로 다음과 같은 부분분수로 전개된다.

$$F(s) = \frac{k_1}{s} + \frac{k_2}{s+2+j} + \frac{k_2^*}{s+2-j}$$

$$k_1 = \frac{M(s)}{N(s)}s\bigg|_{s=0} = \frac{s^2+6s+5}{s^2+4s+5}\bigg|_{s=0} = 1$$

$$k_2 = \frac{M(s)}{N(s)}(s+2+j)\bigg|_{s=-2-j} = \frac{2}{-j2} = j = 1e^{j90}$$

$$k_2^* = -j = 1e^{-j90}$$

가 되므로 역변환을 구하면

$$f(t) = \mathcal{L}^{-1}[F(s)] = \mathcal{L}^{-1}\left[\frac{1}{s} + \frac{e^{j90}}{s+2+j} + \frac{e^{-j90}}{s+2-j}\right]$$
$$= 1 + 2 \cdot 1 \cdot e^{-2t}\cos(t-90) = 1 + 2e^{-2t}\sin t \quad ■$$

예 2-25 $F(s) - \dfrac{se^{-2s}}{s^2+2s+5}$의 $f(t)$를 구하여라.

• 풀이 • (예 2-22)로 풀이되었으나 여기서는 복소근으로 구한다. $s^2+2s+5=0$의 근을 구하면

$$s_1 = -1 + j2$$
$$s_2 = -1 - j2$$
$$F(s) = \frac{s}{s^2+2s+5} = \frac{k}{s+1-j2} + \frac{k^*}{s+1+j2}$$
$$k = \frac{M(s)}{N(s)}(s+1-j2)\Big|_{s=-1+j2} = \frac{1}{4}(2+j)$$
$$k^* = \frac{1}{4}(2-j1)$$
$$\mathcal{L}^{-1}[F(s)] = \frac{1}{4}\left[(2+j)e^{(-1+j2)t} + (2-j)e^{(-1-j2)t}\right]$$
$$= \frac{1}{4}e^{-t}\left[2(e^{j2t}+e^{-j2t}) + j(e^{j2t}-e^{-j2t})\right]$$
$$= \frac{1}{4}e^{-t}(4\cos 2t - 2\sin 2t) = e^{-t}\left(\cos 2t - \frac{1}{2}\sin 2t\right)$$

또 $\mathcal{L}^{-1}[F(s)] = \mathcal{L}^{-1}\left(\dfrac{se^{-2s}}{s^2+2s+5}\right)$는 변이정리(變移定理)를 이용하면 구해진다.

$$f(t) = e^{-(t-2)}\left[\cos 2(t-2) - \frac{1}{2}\sin 2(t-2)\right]u(t-2) \quad ■$$

예 2-26 $F(s) = \dfrac{1}{3s^2(s^2+4)}$의 $f(t)$를 구하여라.

• 풀이 • s^2을 u라 놓으면

$$F(u) = \frac{1}{3u(u+4)} = \frac{1}{3}\left[\frac{A_1}{u} + \frac{A_2}{(u+4)}\right]$$
$$A_1 = \left[\frac{M(u)}{N(u)}u\right]_{u=0} \qquad \therefore\ A_1 = \frac{1}{4}$$

$$A_2 = \left[\frac{M(u)}{N(u)}(u+4)\right]_{u=-4} = -\frac{1}{4}$$

$$F(s) = \frac{1}{3}\left[\frac{1}{4}\frac{1}{u} - \frac{1}{4}\frac{1}{(u+4)}\right) = \frac{1}{12}\left(\frac{1}{s^2} - \frac{1}{s^2+4}\right)$$

$$f(t) = \mathcal{L}^{-1}[F(s)] = \frac{1}{12}\left(t - \frac{1}{2}\sin 2t\right)$$

별해로

$$F(s) = \frac{1}{3s^2(s^2+4)} = \frac{1}{3}\left(\frac{k_1}{s} + \frac{k_2}{s^2} + \frac{k_3 s + k_4}{s^2+4}\right)$$

로 전개하여도 무방하다. ■

연습문제

1. 함수의 $f(t)$를 구하여라.

(1) $F(s) = \dfrac{2}{s^2+16}$

(2) $F(s) = \dfrac{s-4}{s^2-4}$

(3) $F(s) = \dfrac{s+2}{(s+2)^2+1}$

(4) $F(s) = \dfrac{s}{(s-1)^2-4}$

(5) $F(s) = \dfrac{1}{s^2+s}$

(6) $F(s) = \dfrac{1}{s^3+4s}$

(7) $F(s) = \dfrac{1}{s}\left(\dfrac{s-a}{s+a}\right)$

(8) $F(s) = \dfrac{8}{s^4-4s^2}$

(9) $F(s) = \dfrac{1}{s^4-2s^3}$

(10) $F(s) = \dfrac{1}{s^2(s^2+\omega^2)}$

(11) $F(s) = \dfrac{1}{s^2}\left(\dfrac{s+1}{s^2+1}\right)$

(12) $F(s) = \dfrac{s+12}{s^3+4s}$

(13) $F(s) = \dfrac{3s}{s^2+2s-8}$

(14) $F(s) = \dfrac{s^2-10s-25}{s^3-25s}$

(15) $F(s) = \dfrac{3s-1}{s^2+9}$

(16) $F(s) = \dfrac{s}{s^2-2s+2}$

(17) $F(s) = \dfrac{3s^2-2s-1}{(s-3)(s^2+1)}$

(18) $F(s) = \dfrac{10-4s}{(s-2)^2}$

2-7 라플라스 변환에 의한 상미분방정식의 해

라플라스 변환의 가장 중요한 응용의 하나는 미분방정식의 해를 구하는 데 있다. 제1장에서 상수계수의 선형미분방성식을 다루었는네 이 경우에 일반해를 구한 다음에 초기조건을 만족하는 특이해를 구하였다.

그러나 라플라스 변환을 이용하면 초기조건을 처음부터 넣어서 곧 대수적 방법으로 특이해가 얻어지는 장점이 있다. 상수계수의 선형미분방정식은

$$a_0\frac{d^n y}{dt^n}+a_1\frac{d^{n-1}y}{dt^{n-1}}+\cdots\cdots+a_n y=f(t) \tag{2-33}$$

에 대하여 초기조건이 다음과 같이 주어졌다고 하면

$$y(0)=y_0$$
$$y'(0)=y$$
$$\cdots\cdots\cdots\cdots$$
$$y^{(n-1)}(0)=y_{n-1}$$

식 (2-33)에 (2-8)을 이용하여 라플라스 변환하면

$$(a_0 s^n+a_1 s^{n-1}+\cdots\cdots+a_n)Y(s)-y_0(a_0 s^{n-1}+a_1 s^{n-2}+\cdots\cdots+a_{n-1})$$
$$-y_1(a_0 s^{n-2}+a_1 s^{n-3}+\cdots\cdots+a_{n-2})\cdots\cdots-y_{n-1}a_0=F(s)$$

가 된다. 이 식을 간략하게 표시하면

$$F_1(s)\,Y(s)=F(s)+F_2(s)$$
$$Y(s)=\frac{F(s)+F_2(s)}{F_1(s)} \tag{2-34}$$

가 되며 여기서

$$F_1(s)=(a_0 s^n+a_1 s^{n-1}+\cdots\cdots+a_0)$$

$$F_2(s) = y_0(a_0 s^{n-1} + a_1 s^{n-2} + \cdots\cdots + a_{n-1}) + y_1(a_0 s^{n-2} + a_1 s^{n-3} + \cdots\cdots + a_{n-2}) + \cdots\cdots + y_{n-1} a_0$$

이다. 식 (2-34)를 라플라스 역변환하면

$$y(t) = \mathcal{L}^{-1}[Y(s)] = \mathcal{L}^{-1}\left[\frac{F_1(s) + F_2(s)}{F_1(s)}\right] \tag{2-35}$$

이 얻어지며 식 (2-33)의 해이다.

예 2-27 미분방정식을 라플라스 변환을 이용하여 풀어라.

① $y' + y = e^t$, $y(0) = 0$

② $y'' - 3y' + 2y = 4t + e^{3t}$, $y(0) = 1$, $y'(0) = -1$

③ $y'' + 2y' + 5y = 0$, $y(0) = 2$, $y'(0) = -4$

• 풀이 • ① 주어진 방정식을 라플라스 변환하면

$$SY(s) - y(0) + Y(s) = \frac{1}{s-1}$$

$$Y(s) = \frac{1}{(s+1)(s-1)} = \frac{1}{2}\left(\frac{1}{s-1} - \frac{1}{s+1}\right)$$

가 된다. 이 식을 역변환하면

$$y(t) = \frac{1}{2}(e^t - e^{-t})$$

② 라플라스 변환하면

$$s^2 Y(s) - sy(0) - y'(0) - 3[sY(s) - y(0)] + 2Y(s) = \frac{4}{s^2} + \frac{1}{s-3}$$

$$s^2 Y(s) - s + 1 - 3sY(s) + 3 + 2Y(s) = \frac{4}{s^2} + \frac{1}{s-3}$$

$$\begin{aligned} Y(s) &= \frac{s^4 - 7s^3 + 13s^2 + 4s - 12}{s^2(s-3)(s^2 - 3s + 2)} \\ &= \frac{s^4 - 7s^3 + 13s^2 + 4s - 12}{s^2(s-3)(s-1)(s-2)} \\ &= \frac{k_1}{s^2} + \frac{k_2}{s} + \frac{k_3}{s-1} + \frac{k_4}{s-2} + \frac{k_5}{s-3} \end{aligned}$$

가 되며, 여기서 식 (2-30)과 (2-31)로부터

$$k_1 = \left[s^2 \frac{M(s)}{N(s)} \right]_{s=0} = 2$$

$$k_2 = \frac{d}{ds} \left[s^2 \frac{M(s)}{N(s)} \right]_{s=0} = 3$$

$$k_3 = -\frac{1}{2}$$

$$k_4 = -2$$

$$k_5 = \frac{1}{2}$$

가 얻어지므로

$$Y(s) = \frac{2}{s^2} + \frac{3}{s} + \frac{1}{2}\frac{1}{(s-1)} - \frac{2}{(s-2)} + \frac{1}{2(s-3)}$$

가 되며 이를 역변환하면

$$y(t) = 2t + 3 - \frac{1}{2}e^t - 2e^{2t} + \frac{1}{2}e^{3t}$$

③ $Y(s) = \dfrac{2s}{s^2+2s+5} = \dfrac{2s}{(s+1)^2+4} = \dfrac{2(s+1)-2}{(s+1)^2+2^2}$

$$= \frac{2(s+1)}{(s+1)^2+2^2} - \frac{2}{(s+1)^2+2^2}$$

가 되므로 이를 역변환하면

$$y(t) = 2e^{-t}\cos 2t - e^{-t}\sin 2t$$

$$= e^{-t}(2\cos 2t - \sin 2t)$$ ■

예 2-28 연립미분방정식을 풀어라. $(x(0) = x'(0) = y(0) = y'(0) = 0)$

$$\begin{cases} x'' - y'' + y' - x = e^t - 2 \\ 2x'' - y'' - 2x' + y = -t \end{cases}$$

• 풀이 • $\mathcal{L}[x(t)] = X(s)$, $\mathcal{L}[y(t)] = Y(s)$라 놓고 라플라스 변환하면

$$s^2X(s) - s^2Y(s) + sY(s) - X(s) = \frac{1}{s-1} - \frac{2}{s}$$

$$2s^2X(s) - s^2Y(s) - 2sX(s) + Y(s) = -\frac{1}{s^2}$$

가 되며 두 식을 정리하면

$$(s+1)X(s)-sY(s)=-\frac{s-2}{s(s-1)^2}$$

$$2sX(s)-(s+1)Y(s)=-\frac{1}{s^2(s-1)}$$

이 된다. 두 식에서 행렬식을 이용하여 $X(s)$, $Y(s)$를 구하면

$$X(s)=\frac{1}{s(s-1)^2}$$

$$Y(s)=\frac{2s-1}{s^2(s-1)^2}$$

이 된다.

$$X(s)=\frac{1}{s(s-1)^2}=\frac{1}{s}+\frac{1}{(s-1)^2}-\frac{1}{(s-1)}$$

$$Y(s)=\frac{2s-1}{s^2(s-1)^2}=-\frac{1}{s^2}+\frac{1}{(s-1)^2}$$

그러므로

$$x(t)=1+te^t-e^t=1+e^t(t-1)$$

$$y(t)=-t+te^t=t(e^t-1) \quad \blacksquare$$

연습문제

1. 다음의 미분방정식을 라플라스 변환을 이용하여 풀어라.

(1) $y''+y=0$, $y(0)=1$, $y'(0)=-1$

(2) $y''-4y=0$, $y(0)=0$, $y'(0)=-6$

(3) $y''+\omega^2 y=0$, $y(0)=A$, $y'(0)=B$

(4) $y''+2y'+2y=0$, $y(0)=0$, $y'(0)=1$

(5) $y''+2y'+17y=0$, $y(0)=0$, $y'(0)=12$

(6) $9y''-6y'+y=0$, $y(0)=3$, $y'(0)=1$

(7) $y''-ky'=0$, $y(0)=2$, $y'(0)=k$

(8) $4y''-4y'+37y=0$, $y(0)=3$, $y'(0)=1.5$

(9) $y''+y'+1.25y=0,\ y(0)=1,\ y'(0)=-0.5$

(10) $y''+ky'-2k^2y=0,\ y(0)=2,\ y'(0)=2k$

2. 미분방정식 $y''+ay'+by=r(t)$ (a, b는 상수)의 해는

$$Y(s)=\frac{(s+a)y(0)+y'(0)}{s^2+as+b}+\frac{R(s)}{s^2+as+b}$$

$$R(s)=\mathcal{L}[r(t)]$$

임을 증명하여라.

2-8 초기치정리와 최종치정리

라플라스 역변환을 하지 않고 $F(s)$ 함수로부터 직접 원함수의 **초기치**(initial value)와 **최종치**(final value)를 구하는 것이며 다음 조건을 만족한다면, 즉

(1) $f(t)$ 및 그 도함수 $f'(t)$는 라플라스 변환을 가지고

(2) $f(t)$의 라플라스 변환이 $F(s)$일 때에 $\lim_{s\to 0} sF(s)$가 존재한다면

$$\lim_{s\to\infty} sF(s) = \lim_{t\to 0} f(0) \tag{2-36}$$

의 관계가 성립한다. 이를 **초기치정리**(the initial-value theorem)라 한다. 초기치정리는 원점 부근에서의 $f(t)$의 값은 s의 값이 무한대로 될 때의 $sF(s)$의 값과 같다는 것이다.

• 증명 • $f(t)$의 도함수의 라플라스 변환은

$$\mathcal{L}[f'(t)] = \int_0^\infty f'(t)e^{-st}dt$$

이며 가정에 의하여 그 값이 존재하므로 식 (2-6)에 의하여

$$\int_0^\infty f'(t)e^{-st}dt = sF(s) - f(0)$$

이다. 지금 $s\to\infty$의 극한을 취하면 위의 식 좌변은 0에 접근하므로

$$0 = \lim_{s\to\infty}[sF(s) - f(0)] = \lim_{s\to\infty} sF(s) - f(0) \tag{2-37}$$

로 된다. 정의에 의하여

$$f(0) = \lim_{t\to 0} f(t)$$

이므로 식 (2-37)에서

$$\lim_{s\to\infty} sF(s) = \lim_{t\to 0} f(t)$$

가 성립한다. ■

또 다음의 조건, 즉

(1) $f(t)$ 및 $f'(t)$가 모두 라플라스 변환을 가지고
(2) $f(t)$의 변환이 $F(s)$이고, $sF(s)$가 허축(虛軸)상의 정의 반평면에서 해석적이면

$$\lim_{s \to 0} sF(s) = \lim_{t \to \infty} f(t) \tag{2-38}$$

가 성립하며, 이를 **최종치정리**(the final-value theorem)라 한다.

이 정리는 $sF(s)$의 원점 부근의 값은 t가 대단히 클 때의 $f(t)$의 값과 같다는 것을 표시한다.

• 증명 • 함수 $f'(t)$의 라플라스 변환은

$$\int_0^\infty f'(t)e^{-st}dt = sF(s) - f(0) \tag{2-39}$$

이고 s의 값을 0에 접근시키면 식 (2-39)의 좌변은 s가 t에는 독립이므로

$$\lim_{s \to 0} \int_0^\infty f'(t)e^{-st}dt = \int_0^\infty f'(t)dt$$

식 (2-39)는

$$\int_0^\infty f'(t)dt = \lim_{s \to 0}[sF(s) - f(0)] = \lim_{s \to 0} sF(s) - f(0) \tag{2-40}$$

로 된다. 또

$$\int_0^\infty f'(t)dt = \lim_{t \to \infty} \int_0^t f'(t)dt$$

이고

$$\lim_{t \to \infty} \int_0^t f'(t)dt = \lim_{t \to \infty}[f(t) - f(0)] \tag{2-41}$$

와 같으므로 식 (2-40)과 (2-41)에서

$$\lim_{t \to \infty}[f(t) - f(0)] = \lim_{s \to 0}[sF(s) - f(0)]$$

로 되며 $f(0)$는 s 및 t에 독립이므로 최종치정리가 성립한다. ■

예 2-29 $t=0$일 때 $f(t)$를 구하여라.

① $F(s)=\dfrac{2a}{a^2-s^2}$

② $F(s)=\dfrac{(s+a)\sin\omega_0+b\cos\omega_0}{(s+a)^2+b^2}$

③ $F(s)=\dfrac{s^2+3s+2}{s^2+4}$

• 풀이 • ① $\lim\limits_{s\to\infty} sF(s)=\lim\limits_{t\to 0} f(t)=f(0)$

$$f(0)=\lim\frac{s2a}{a^2-s^2}=0$$

② $f(0)=\lim\limits_{s\to\infty} sF(s)=\lim\limits_{s\to\infty}\dfrac{s(s+a)\sin\omega_0+sb\cos\omega_0}{(s+a)^2+b^2}$

$$=\lim_{s\to\infty}\frac{\left(1+\dfrac{a}{s}\right)\sin\omega_0+\dfrac{b}{s}\cos\omega_0}{\left(1+\dfrac{a}{s}\right)^2+\left(\dfrac{b}{s}\right)^2}=\sin\omega_0$$

③ $f(0)=\lim\limits_{s\to\infty} sF(s)=\lim\limits_{s\to\infty}\dfrac{s^2+3s^2+2s}{s^2+4}$

이 문제는 $f(0)$가 존재하지 않는다. 왜냐하면 주어진 함수

$$F(s)=\frac{s^2+3s+2}{s^2+4}=1+\frac{3s-2}{s^2+4}$$

와 같이 임펄스를 포함하고 있기 때문이다. ■

예 2-30 함수의 최종치를 구하여라.

① $F(s)=\dfrac{1}{s+a}$ $(a>0)$

② $F(s)=\dfrac{1}{s(s+a)}$ $(a>0)$

③ $F(s)=\dfrac{s}{s^2+a^2}$

④ $F(s)=\dfrac{1}{s^2}$

• **풀이** • ① $\lim_{t\to\infty} f(t) = \lim_{s\to 0} sF(s) = \lim_{s\to 0} \frac{s}{s+a} = 0$

② $\lim_{t\to\infty} f(t) = \lim_{s\to 0} sF(s) = \lim_{s\to 0} \frac{1}{s+a} = \frac{1}{a}$

③ $\lim_{t\to\infty} f(t) = \lim_{s\to 0} sF(s) = \lim_{s\to 0} \frac{s^2}{s^2+a^2}$

$\frac{s^2}{s^2+a^2}$의 특이점은 $s = \pm ia$이므로 허축상에 정의 반평면에 보두 있지 않으므로 최종치정리가 적용되지 않는다. 변환하여 계산하면 쉽게 알 수 있다. 즉,

$\lim_{t\to\infty} f(t) = \lim_{t\to\infty} \cos at$

④ $sF(s) = \frac{1}{s}$는 $s=0$에 특이점이 존재하므로 정리에 적용되지 않는다. ■

연습문제

1. 초기치정리를 이용하여 함수의 원함수의 초기치를 구하고 역변환한 결과치와 비교하여라.

(1) $F(s) = \dfrac{s+a}{(s+a)^2+b^2}$

(2) $F(s) = \dfrac{1}{s^2-b^2}$

2. 최종치정리를 이용하여 문제 1의 원함수의 최종치를 구하고 역변환하여 구한 값과 비교하여라.

3. 초기치문제를 라플라스 변환으로 풀어라.

(1) $y''+y = 3\cos 2t$, $y(0) = 0$, $y_1(0) = 0$

(2) $y''-4y'+3y = 0$, $y(0) = 3$, $y'(0) = 7$

(3) $y''+y'-2y = 1-2t$, $y(0) = 0$, $y'(0) = 4$

(4) $y''+y = 2(\cos t+\sin t)$, $y(0) = 0$, $y'(0) = -1$

4. 연립 미분방정식을 라플라스 변환으로 풀어라.

(1) $\begin{cases} y_1' = -y_2, & y_1(0) = 1 \\ y_2' = y_1, & y_2(0) = 0 \end{cases}$

(2) $\begin{cases} y_1'' + y_1 = y_2'' + 4y_2, & y_1(0) = y_2(0) = 0 \\ y_1' + y_2' = \cos t + 2\cos 2t, & y_1'(0) = 1,\ y_2'(0) = 2 \end{cases}$

(3) $\begin{cases} y_1' + y_1 = y_2' + y_2, & y_1(0) = y_2'(0) = 0 \\ y_1'' + y_2'' = e^2, & y_1'(0) = y_2(0) = 1 \end{cases}$

(4) $\begin{cases} y_1' + y_2' = 2\sinh t, & y_1(0) = 1 \\ y_2' + y_3' = e^t, & y_2(0) = 1 \\ y_3' + y_1' = 2e^t + e^{-t}, & y_2(0) = 0 \end{cases}$

2-9 상승정리

임의의 입력 $f(t)$에 대한 계통의 응답 $h(t)$를 단위 임펄스에 응답 $g(t)$로 구하는 방법이 있다. 이 정리는 열전달, 파동, 유체의 흐름 등에 매우 유용하며, 라플라스 역변환에도 사용할 수 있다. $t=0$에서 입력 $f(\tau)$를 가했을 때 응답 $h(t)$, 즉 **상승**(convolution)은 식 (2-42)와 같이 정의된다.

$$h(t)=\int_0^t f(\tau)g(t-\tau)\,d\tau \tag{2-42}$$

여기서 $\tau<0$일 때 $f(\tau)=0$이며, $g(t-\tau)$는 계통함수이다. 물리적인 의미에서 볼 때 상승을 **중과적분**(superposition integral)이라고도 한다. 식 (2-42)를 (2-43)과 같이 표기한다.

$$h(t)=\int_0^t f(t)*g(t) \tag{2-43}$$

식 (2-43)의 라플라스 변환, 즉

$$\begin{aligned}\mathcal{L}[h(t)]&=\mathcal{L}[f(t)*g(t)]\\&=\mathcal{L}\left[\int_0^t f(\tau)g(t-\tau)\,d\tau\right]\\&=\mathcal{L}[f(t)]\,\mathcal{L}[g(t)]\\H(s)&=F(s)G(s)\end{aligned}$$

가 성립하며 이를 상승정리(convolution theorem)라고 한다.

• 증명 • $\mathcal{L}[h(t)]=\mathcal{L}\left[\int_0^t f(\tau)g(t-\tau)\,d\tau\right]$

$$\begin{aligned}&=\mathcal{L}\left[\int_0^\infty f(\tau)g(t-\tau)u(t-\tau)\,d\tau\right]\\&=\int_0^\infty\left[\int_0^\infty f(\tau)g(t-\tau)u(t-\tau)\,d\tau\right]e^{-st}\,dt\end{aligned}$$

여기서

$$u(t-\tau)\begin{cases} =1 & (\tau < t) \\ =0 & (\tau > t) \end{cases}$$

이기 때문에 적분극치가 $t \to 0$, $t \to \infty$로 바꾸어졌다.

여기서 극치가 ∞일 때 함수는 절대수렴하기 때문에

$$\begin{aligned} \mathcal{L}[h(t)] &= \int_0^\infty \left[\int_0^\infty g(t-\tau)\,u(t-\tau)\,e^{-st}dt\right] f(\tau)\,d\tau \\ &= \int_0^\infty \left[\int_0^\infty g(t-\tau)\,e^{-st}dt\right] f(\tau)\,d\tau \end{aligned}$$

가 되며 여기서 $t-\tau=x$로 놓으면

$$\begin{aligned} \mathcal{L}[h(t)] &= \int_0^\infty \left[\int_0^\infty g(x)\,e^{-sx}dx\right] f(\tau)\,e^{-s\tau}d\tau \\ &= \left[\int_0^\infty f(\tau)\,e^{-s\tau}d\tau\right]\left[\int_0^\infty g(x)\,e^{-sx}dx\right] \\ &= \mathcal{L}[f(t)]\,\mathcal{L}[g(t)] \\ &= F(s)\,G(s) \end{aligned}$$

가 된다.

예 2-31 미분방정식을 상승정리를 이용하여 해를 구하여라.

$$y'' + \omega^2 y = \omega^2 1,\quad y'(0) = y(0) = 0$$

• 풀이 • 라플라스 변환을 하고 정리하면

$$Y(s) = \frac{\omega^2}{s^2+\omega^2}\,1/s = F(s)\,G(s)$$

가 얻어지며, 또한

$$\mathcal{L}^{-1}\left[\frac{\omega^2}{s^2+\omega^2}\right] = \omega\sin\omega t = g(t),\quad \mathcal{L}^{-1}\left(\frac{1}{s}\right) = 1 = f(t)$$

이다. 상승정리에 의하여

$$\mathcal{L}[y(t)] = \mathcal{L}[f(t)]\,\mathcal{L}[g(t)] = \mathcal{L}[f * g]$$

이기 때문에

$$
\begin{aligned}
y(t) &= f * g = \int_0^t f(\tau) g(t-\tau)\, d\tau \\
&= \omega \int_0^t f(\tau) \sin\omega(t-\tau)\, d\tau \\
&= 1 - \cos\omega t
\end{aligned}
$$

이다. ■

예 2-32 $\mathcal{L}^{-1}\left[\dfrac{a^2}{(s^2+a^2)^2}\right]$을 상승정리에 의하여 구하여라.

• 풀이 • 이것은 앞절의 부분분수를 이용해서는 구할 수 없지만 상승정리를 이용하면 가능하다.

$$H(s) = \frac{a^2}{(s^2+a^2)^2}$$

$$F(s) = \frac{a}{s^2+a^2}$$

$$G(s) = \frac{a}{s^2+a^2}$$

$$\mathcal{L}^{-1}\left[\frac{a}{s^2+a^2}\right] = \sin at = f(t) = g(t)$$

$$
\begin{aligned}
\mathcal{L}^{-1}\left[\frac{a^2}{(s^2+a^2)^2}\right] &= f(t) * g(t) \\
&= \int_0^t f(\tau) g(t-\tau) d\tau \\
&= \int_0^t \sin a\tau \sin a(t-\tau) d\tau \\
&= \frac{1}{2a}(\sin at - at\cos at)
\end{aligned}
$$

연습문제

1. 방정식을 상승정리를 이용하여 풀어라(단, 모든 초기치는 0이다).

(1) $y' + y = f(t)$

(2) $y'' - y = f(t)$

(3) $y'' + 2y' + 2y = f(t)$

(4) $y'' + (\alpha + \beta)y' + \alpha\beta y = f(t)$, $\alpha \neq \beta$

(5) $y'' = f(t)$

(6) $y'' + 2ay' + a^2 y = f(t)$

2. $y'' + 3y' + 2y = f(t)$의 해를 상승정리를 이용하여 풀고, $f(t)$가 e^{3t}, t일 때 $y(t)$를 구하여라(단, 모든 초기치는 0이다).

제 3 장

푸리에 급수와 적분

3-1 푸리에 급수

1. 푸리에 급수

함수 $f(x)$는 x의 모든 실수와 임의의 정의 수 T에 대해서

$$f(x+T)=f(x) \tag{3-1}$$

의 관계가 성립할 때 **주기적**(periodic)이라 하고, T를 함수 $f(x)$의 **주기**(period)라 한다. 이러한 함수는 [그림 3-1]과 같이 T의 구간에서 주기적으로 반복시킴으로써 얻을 수 있다. 식 (3-1)에서 임의의 정수 n에 대해서 $f(x+nT)=f(x)$가 성립하므로 $2T$, $3T$, ……도 역시 주기다. 주기함수의 대표적인 예로 cos, sin이며 이들의 주기는 2π이다. cos, sin을 이용한 급수는

$$a_0+a_1\cos x+a_2\cos 2x+\cdots\cdots+b_1\sin x+b_2\sin 2x+\cdots\cdots \tag{3-2}$$

을 **삼각급수**(trigonometric series)라 하며, a_n과 b_n은 상수로 **계수**(coefficient)라 한다.

만약, 어떤 함수 $f(x)$가 삼각급수로 표시될 수 있는 주기가 2π인 주기함수를 다음과 같이 가정한다.

$$f(x)=\frac{a_0}{2}+\sum_{n=1}^{\infty}(a_n\cos nx+b_n\sin nx) \tag{3-3}$$

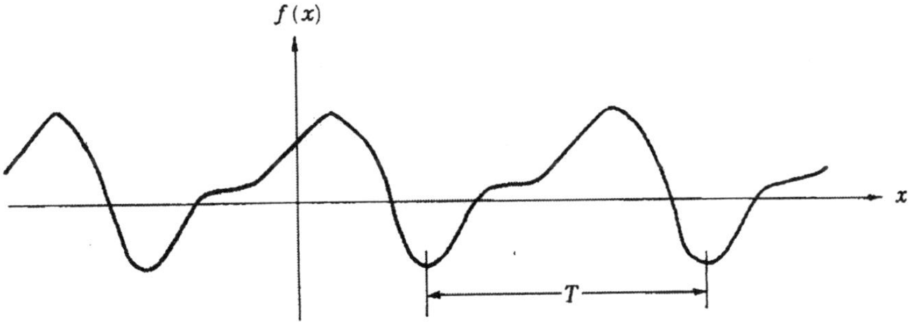

[그림 3-1]

식 (3-3)에서 a_0, a_n, b_n은 상수이고, 이들 상수와 $f(x)$의 관계식을 구하기 위해서 다음의 적분을 이용한다.

$$\left.\begin{aligned} &\int_{-\pi}^{\pi} \cos mx \cos nx\, dx = \begin{cases} m = n\text{일 때} : \pi \\ m \neq n\text{일 때} : 0 \end{cases} \\ &\int_{-\pi}^{\pi} \sin nx \sin mx\, dx = \begin{cases} m = n\text{일 때} : \pi \\ m \neq n\text{일 때} : 0 \end{cases} \\ &\int_{-\pi}^{\pi} \sin mx \cos nx\, dx = 0 \end{aligned}\right\} \qquad (3\text{-}4)$$

식 (3-3)의 양변에 $\cos mx$를 곱하여 $-\pi$에서 π까지 적분하면

$$\int_{-\pi}^{\pi} f(x) \cos mx\, dx = \frac{a_0}{2}\int_{-\pi}^{\pi} \cos mx\, dx + \sum_{n=1}^{\infty}\left(a_n \int_{-\pi}^{\pi} \cos nx \cos mx\, dx + b_n \int_{-\pi}^{\pi} \sin nx \cos mx\, dx\right)$$

로 된다. 위의 식에 식 (3-4)를 이용하여 $m=0$이면

$$\int_{-\pi}^{\pi} f(x)\, dx = \pi a_0$$

이고,

$$m \neq 0\text{이고,} \begin{cases} m = n\text{일 때} : \displaystyle\int_{-\pi}^{\pi} f(x) \cos mx\, dx = \pi a_m \, (m = 1,\ 2,\ 3) \\ m \neq n\text{일 때} : \displaystyle\int_{-\pi}^{\pi} f(x) \cos mx\, dx = 0 \end{cases}$$

이다. 식 (3-3)의 양변에 $\sin mx$를 곱하여 $-\pi$에서 π가지 식 (3-4)를 이용하여 적분하면

$$\int_{-\pi}^{\pi} f(x) \sin mx\, dx = \pi b_m \qquad (m = 1,\ 2,\ 3, \cdots\cdots)$$

이 된다.

이상의 결과에서 주기를 2π로 하는 주기함수 $f(x)$는

$$f(x) \sim \frac{a_0}{2} + \sum_{n=1}^{\infty} (a_n \cos nx + b_n \sin nx) \tag{3-5}$$

이고 a_n과 b_n은

$$\left.\begin{aligned} a_n &= \frac{1}{\pi}\int_{-\pi}^{\pi} f(x)\cos nx\,dx \qquad (n = 0, 1, 2, \cdots\cdots) \\ b_n &= \frac{1}{\pi}\int_{-\pi}^{\pi} f(x)\sin nx\,dx \qquad (n = 1, 2, \cdots\cdots) \end{aligned}\right\} \tag{3-6}$$

이다. 식 (3-5)는 a_n과 b_n을 계수로 하는 삼각급수로 함수 $f(x)$를 표시한다. 이 식을 **푸리에 급수**(Fourier 級數)라 하며, 식 (3-6)은 상수로 **푸리에 계수**라 한다. 식 (3-5)에서 등호를 이용하지 않고 기호 ~를 사용한 이유는 식 (3-5)의 우변의 급수가 식 (3-6)을 이용하여 만들어졌음을 나타낸 것이다. 여기서 말한 계산은 형식적인 것이며, 급수의 항별 미적분, 급수의 수렴 등에 관한 조건이 성립하지 않으면 허용되지 않는 계산을 한 것이다. 그래서 식 (3-5)의 좌우 양변은 일반적으로 등호를 맺지 못한다.

다음 오일러(Euler)의 공식

$$\cos nx = \frac{1}{2}(e^{inx} + e^{-inx})$$

$$\sin nx = \frac{1}{i2}(e^{inx} - e^{-inx})$$

를 식 (3-5)의 우변에 대입하면

$$\alpha_0 = \frac{1}{2}a_0$$

$$\alpha_{-n} = \frac{1}{2}(a_n + ib_n)$$

$$\alpha_n = \frac{1}{2}(a_n - ib_n) \qquad (n > 0)$$

로 되고, 식 (3-5)는

$$f(x) \sim \sum_{n=-\infty}^{\infty} \alpha_n e^{inx} \tag{3-7}$$

이다. 식 (3-7)에서 α_n는

$$\alpha_n = \frac{1}{2\pi}\int_{-\pi}^{\pi} f(x)e^{-inx}\,dx \qquad (n=0,\ \pm 1,\ \pm 2,\ \cdots\cdots) \tag{3-8}$$

이고, 식 (3-7)의 무한급수를 $f(x)$의 **복소형 푸리에 급수**(complex form of the fourier series)라 한다.

다음 $f(x)$가 주기를 $2L$로 하는 주기함수, 즉 $f(x+2L)=f(x)$일 때

$$t = \frac{\pi}{L}x$$

로 새로운 변수 t를 도입하면 $f\left(\frac{L}{\pi}t\right)$는 2π를 주기로 하는 주기함수이다.

$f\left(\frac{L}{\pi}t\right)$의 푸리에 급수는

$$f\left(\frac{L}{\pi}t\right) \sim \frac{a_0}{2} + \sum_{n=1}^{\infty}(a_n \cos nt + b_n \sin nt) \tag{3-9}$$

이고, 계수 a_n과 b_n은

$$\left.\begin{aligned} a_n &= \frac{1}{\pi}\int_{-\pi}^{\pi} f\left(\frac{L}{\pi}t\right)\cos nt\,dt \\ b_n &= \frac{1}{\pi}\int_{-\pi}^{\pi} f\left(\frac{L}{\pi}t\right)\sin nt\,dt \end{aligned}\right\} \tag{3-10}$$

이다. 식 (3-9)와 (3-10)에서 변수를 x로 환원시키면 $2L$을 주기로 하는 주기함수 $f(x)$에 대한 푸리에 급수는

$$\left.\begin{aligned} f(x) &\sim \frac{a_0}{2} + \sum_{n=1}^{\infty}\left(a_n \cos\frac{n\pi}{L}x + b_n \sin\frac{n\pi}{L}x\right) \\ a_n &= \frac{1}{L}\int_{-L}^{L} f(x)\cos\frac{n\pi}{L}n\,dx \qquad (n=0,\ 1,\ \cdots\cdots) \\ b_n &= \frac{1}{L}\int_{-L}^{L} f(x)\sin\frac{n\pi}{L}x\,dx \qquad (n=1,\ 2,\ \cdots\cdots) \end{aligned}\right\} \tag{3-11}$$

이다.

예 3-1 [그림 3-2(a)]와 같은 주기함수 $f(x)$의 푸리에 급수를 구하여라.

• **풀이** • 이 함수는 구형파로 역학계에 인가되는 외력, 또는 전기회로의 기전력에서 볼 수 있으며 해석적으로는

$$f(x)=\begin{cases}-k & (-\pi \leqq x<0) \\ k & (0<x \leqq \pi)\end{cases}$$

$$f(x+2\pi)=f(x)$$

이다. 식 (3-6)에 의해서 푸리에 계수를 구하면

$$\begin{aligned} a_n &= \frac{1}{\pi}\int_{-\pi}^{\pi} f(x)\cos nx\,dx \\ &= \frac{1}{\pi}\left[\int_{-\pi}^{0}(-k)\cos nx\,dx+\int_{0}^{\pi}k\cos nx\,dx\right] \\ &= 0 \qquad (n=0,\ 1,\ 2,\ \cdots\cdots) \end{aligned}$$

$$\begin{aligned} b_n &= \frac{1}{\pi}\int_{-\pi}^{\pi} f(x)\sin nx\,dx \\ &= \frac{1}{\pi}\left[\int_{-\pi}^{0}(-k)\sin nx\,dx+\int_{0}^{\pi}k\sin nx\,dx\right] \\ &= \frac{2k}{n\pi}(1-\cos n\pi)=\begin{cases}0 & (n=\text{우수}) \\ \dfrac{4k}{n\pi} & (n=\text{기수})\end{cases} \end{aligned}$$

이므로 식 (3-5)에 의해서 푸리에 급수 $f(x)$는

$$f(x)\sim\frac{4k}{\pi}\sin x+\frac{4k}{3\pi}\sin 3x+\cdots\cdots=\frac{4k}{\pi}\sum_{n=1}^{\infty}\frac{\sin(2n-1)x}{2n-1}$$

이다. 위의 급수의 부분합은

$$S_1=\frac{4k}{\pi}\sin x$$

$$S_2=S_1+\frac{4k}{3\pi}\sin 3x$$

$$S_3=S_2+\frac{4k}{5\pi}\sin 5x$$

$$\cdots\cdots\cdots\cdots\cdots\cdots\cdots\cdots$$

이고, [그림 3-2(b)]에 S_1, S_2, S_3와 $f(x)$의 관계를 나타내었다. [그림 3-2]에서 급수가 수렴하면 $f(x)$가 급수의 합이 되는 것을 알 수 있다.

$f(x)$의 불연속점 $x=0$, $x=\pi$에서 모든 부분합이 0, 즉 주어진 함수의 $-k$와

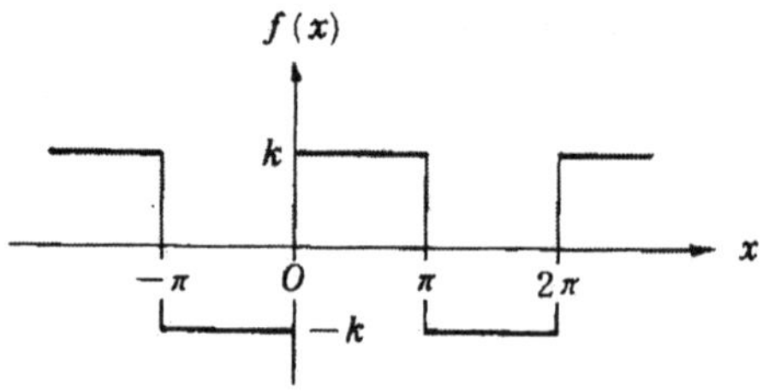

(a)

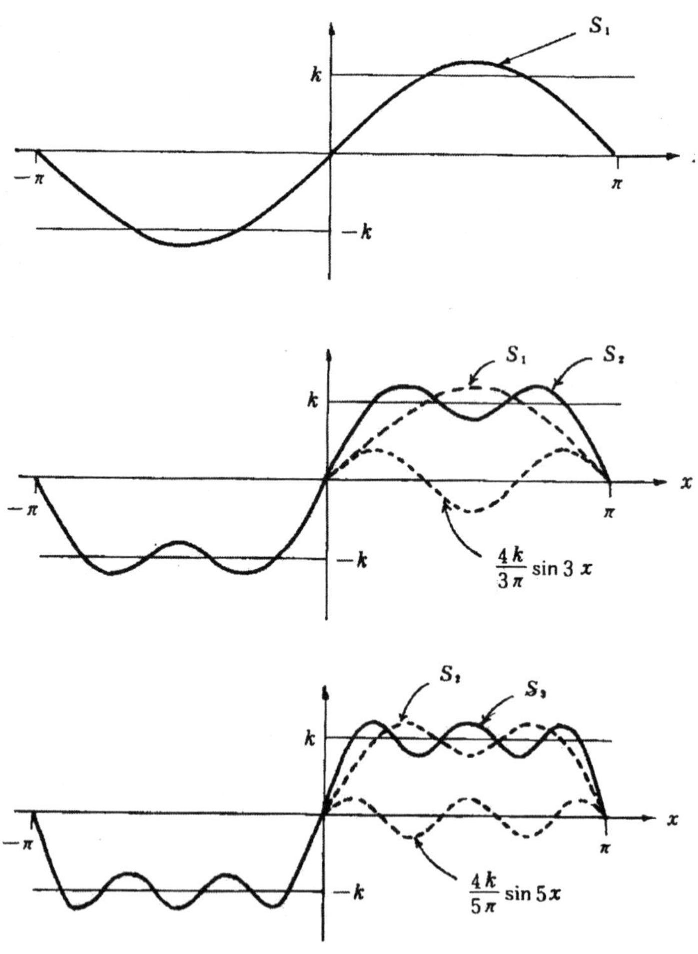

(b) 푸리에 급수의 처음 세 개의 부분합

[그림 3-2]

k의 산술평균이다. 그리고 $x=\pi/2$일 때 위의 급수에서

$$f\left(\frac{\pi}{2}\right)=k=\frac{4k}{\pi}\left(1-\frac{1}{3}+\frac{1}{5}-\cdots\cdots\right)$$

이 되므로

$$1-\frac{1}{3}+\frac{1}{5}-\cdots\cdots=\frac{\pi}{4}$$

이다. 이것은 상수항으로 된 여러 급수의 값이 특정된 점에서 푸리에 급수를 하여 얻을 수 있다. ■

예 3-2 $f(x)=\begin{cases}\dfrac{\pi}{2}+x & (-\pi\leqq x<0)\\ \dfrac{\pi}{2}-x & (0<x\leqq\pi)\end{cases}$ 의 푸리에 급수를 구하여라.

• 풀이 • 식 (3-6)에 의해서 푸리에 계수를 구하면

$$\begin{aligned}a_n&=\frac{1}{\pi}\int_{-\pi}^{\pi}f(x)\cos nx\,dx=\frac{2}{\pi}\int_0^{\pi}\left(\frac{\pi}{2}-x\right)\cos nx\,dx\\&=\frac{2}{\pi}\left[\frac{\pi}{2}\cdot\frac{1}{n}\sin nx\Big|_0^{\pi}-\int_0^{\pi}x\cos nx\,dx\right]\\&=\frac{2}{\pi}\left[\frac{x}{n}\sin nx\Big|_0^{\pi}+\frac{1}{n}\int_0^{\pi}\sin nx\,dx\right]=\frac{2}{n^2\pi}(1-\cos nx)\\&=\frac{2}{n^2\pi}\{1-(-1)^n\}\end{aligned}$$

$$\because \cos n\pi=(-1)^n$$

이고, 유사한 방법에 의해서 $a_0=0$, $b_n=0$ $(n=1, 2, \cdots\cdots)$이다. 그러므로 구하는 푸리에 급수는

$$f(x)\sim\frac{4}{\pi}\cos x+\frac{4}{9\pi}\cos 3x+\cdots\cdots=\frac{4}{\pi}\sum_{n=1}^{\infty}\frac{\cos(2n-1)x}{(2n-1)^2}$$

가 된다. 이 $f(x)$와 푸리에 급수의 부분합과의 관계를 [그림 3-3]에 나타내었다. $f(x)$의 그래프가 모난 곳(뾰족한 곳)에서 급수의 수렴이 늦다. 일반적으로 $f(x)$가 불연속인 점에서 푸리에 급수의 수렴이 늦다. ■

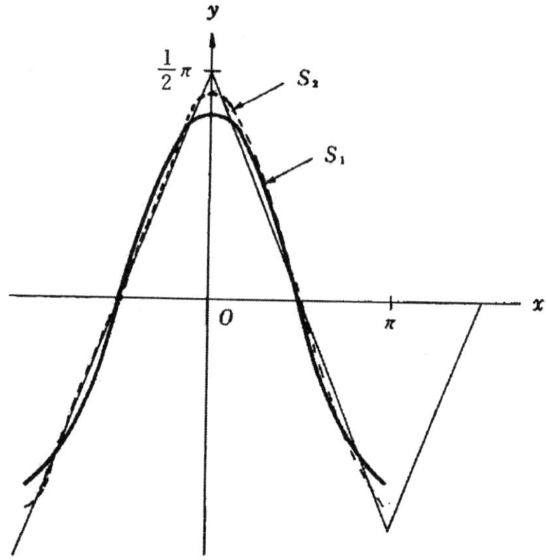

[그림 3-3]

함수 $f(x)$가 우함수, 즉 $f(x)=f(-x)$일 때 식 (3-5)에서 $f(x)=f(-x)$를 만족하기 위해 $b_n=0$, 함수 $f(x)$가 기함수, 즉 $f(x)=-f(-x)$일 때 $a_n=0$이다. 위의 결과를 종합하면 구간 $[-\pi, \pi]$에서 정의된 함수 $f(x)$에 대해서

$f(x)$가 우함수일 때

$$\left.\begin{aligned} f(x) &\sim \frac{a_0}{2}+\sum_{n=1}^{\infty} a_n \cos nx \\ a_n &= \frac{2}{\pi}\int_0^{\pi} f(x)\cos nx\,dx \end{aligned}\right\} \tag{3-12}$$

$f(x)$가 기함수일 때

$$\left.\begin{aligned} f(x) &\sim \sum_{n=1}^{\infty} b_n \sin nx \\ b_n &= \frac{2}{\pi}\int_0^{\pi} f(x)\sin nx\,dx \end{aligned}\right\} \tag{3-13}$$

이다. (예 3-1)은 함수 $f(x)$가 기함수이므로 sin 급수이고, (예 3-2)는 $f(x)$가 우함수이므로 cos 급수이다.

예 3-3 $f(x)=x^2(0 \leq x < 1)$이고 $f(x+1)=f(x)$일 때 푸리에 급수를 구하여라.

• 풀이 • 함수의 그래프는 [그림 3-4]이다. 이 함수에서 $2L=1$이므로 $L=1/2$이며 식 (3-10)에 의해서 a_0, a_n, b_n을 계산하면

$$a_0 = \frac{1}{1/2}\int_0^1 x^2\,dx = \frac{2}{3}$$

$$a_n = \frac{1}{1/2}\int_0^1 x^2 \cos\frac{n\pi x}{1/2}\,dx = 2\int_0^1 x^2\cos 2n\pi x\,dx$$

$$= 2\left[x^2\frac{\sin 2n\pi x}{2n\pi} + 2x\frac{\cos 2n\pi x}{(2n\pi)^2} - \frac{2\sin 2n\pi x}{(2n\pi)^3}\right]_0^1$$

$$= \frac{1}{n^2\pi^2} \qquad (n=1,\,2,\,\cdots\cdots)$$

$$b_n = 2\int_0^1 x^2 \sin 2n\pi x\,dx$$

$$= 2\left[-x^2\frac{\cos 2n\pi x}{2n\pi} + (2x)\frac{\sin 2n\pi x}{(2n\pi)^2} + \frac{2\cos 2n\pi x}{(2n\pi)^3}\right]_0^1$$

$$= -\frac{1}{n\pi} \qquad (n=1,\,2,\,\cdots\cdots)$$

이 된다. 이 계수를 이용하여 구하는 푸리에 급수는

$$f(x) \sim \frac{1}{3} + \frac{1}{\pi^2}\sum_{n=1}^{\infty}\left|\frac{1}{n^2}\cos 2n\pi x - \frac{\pi}{n}\sin 2n\pi x\right|$$

이다. ■

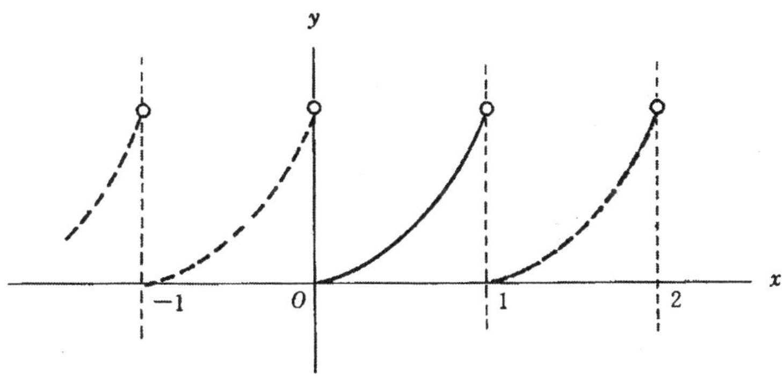

[그림 3-4]

다음 삼각다항식 S_n은

$$S_n(x) = \frac{a_0}{2} + (a_1 \cos x + b_1 \sin x) + (a_2 \cos 2x + b_2 \sin 2x) + \cdots\cdots + (a_n \cos nx + b_n \sin nx) \tag{3-14}$$

에 의해 구간 $[-\pi, \pi]$에서 정의된 함수 $f(x)$를 근사화하는 문제를 고찰한다. $f(x)$와 $S_n(x)$의 제곱평균오차 E는

$$E(a_0, a_1, \cdots\cdots, a_n ; b_1, b_2, \cdots\cdots, b_n) = \frac{1}{2\pi} \int_{-\pi}^{\pi} [f(x) - S_n(x)]^2 dx \tag{3-15}$$

이 최소가 되도록 미정계수 $a_0, a_1, \cdots\cdots, a_n ; b_1, b_2, \cdots\cdots, b_n$을 정한다. 이 오차 E는 $a_0, a_1, \cdots\cdots, a_n ; b_1, b_2, \cdots\cdots, b_n$은

$$\frac{\partial E}{\partial a_k} = 0$$

$$\int_{-\pi}^{\pi} \{f(x) - S_n(x)\} \cos kx \, dx = 0 \qquad (k = 0, 1, 2, \cdots\cdots, n)$$

$$\frac{\partial E}{\partial b_k} = 0$$

$$\int_{-\pi}^{\pi} \{f(x) - S_n(x)\} \sin kx \, dx = 0 \qquad (k = 1, 2, \cdots\cdots, n)$$

의 해이며 이 식에 식 (3-4)를 이용하면

$$a_k = \frac{1}{\pi} \int_{-\pi}^{\pi} f(x) \cos kx \, dx \qquad (k = 0, 1, 2, \cdots\cdots, n)$$

$$b_k = \frac{1}{\pi} \int_{-\pi}^{\pi} f(x) \sin kx \, dx \qquad (k = 1, 2, \cdots\cdots, n)$$

가 된다. a_k와 b_k는 푸리에 계수이다. 즉, 미정계수 a_k와 b_k는 삼각다항식 (3-14)의 n에 관계없이 $f(x)$의 푸리에 계수가 된다.

예 3-4 구간 $[-\pi, \pi]$에서 정의된 함수 $f(x)$의 푸리에 관계를 $a_0, a_1, \cdots\cdots, b_1, b_2, \cdots\cdots$라 할 때 다음의 **베셀 부등식**(Bessel's inequality)을 증명하여라.

$$\frac{a_0^2}{2}+\sum_{n=1}^{\infty}\left(a_n^2+b_n^2\right)\leq\frac{1}{n}\int_{-\pi}^{\pi}[f(x)]^2\,dx$$

• 풀이 • 임의의 정의 정수 m에 대해 $S_n=\dfrac{a_0}{2}+\sum_{k=1}^{m}\left(a_k\cos kx+b_k\sin kx\right)$라 하면

$$\int_{\pi}^{\pi}[f(x)-S_m(x)]^2\,dx\geq 0$$

이다. 이 식에서

$$2\int_{-\pi}^{\pi}f(x)S_m(x)\,dx-\int_{-\pi}^{\pi}[S_m(x)]^2\,dx\leq\int_{-\pi}^{\pi}[f(x)]^2\,dx$$

로 된다. 여기에 식 (3-4)와 (3-5)를 이용하여 적분하면 좌변은

$$2\pi\left[\frac{a_0^2}{2}+\sum_{n=1}^{m}\left(a_n^2+b_n^2\right)\right]-\pi\left[\frac{a_0^2}{2}+\sum_{n=1}^{m}\left(a_n^2+b_n^2\right)\right]\leq\int_{-\pi}^{\pi}[f(x)]^2dx$$

에서

$$\frac{a_0^2}{2}+\sum_{n=1}^{m}\left(a_n^2+b_n^2\right)\leq\frac{1}{\pi}\int_{-\pi}^{\pi}[f(x)]^2dx$$

이다. 여기서 $m\to\infty$일 때 베셀 부등식이 얻어진다. ■

2. 푸리에 급수의 수렴

지금까지 주어진 함수에 대해서 푸리에 급수를 형식적으로 구하는 방법을 기술하였다. 그러나 일반적으로 함수 $f(x)$와 이 함수의 푸리에 급수 간의 관계는 간단하지 않다. 이 함수 $f(x)$에 적당한 조건을 부여하여 $f(x)$와 $f(x)$의 푸리에 급수 간의 관계를 고찰하기로 한다.

어떤 구간 $I=[a,\ b]$에서 정의된 함수 $f(x)$가 [그림 3-5]와 같이 I에서 유한개의 점 $x_1,\ x_2,\ \cdots\cdots,\ x_k$를 제외하고는 연속이고 불연속점 $x_1,\ x_2,\ \cdots\cdots,\ x_k$에서 좌우의 극한치

$$f(x_i+0)=\lim_{t\to+0}f(x_i+t)\qquad(i=1,\ 2,\ \cdots\cdots,\ k)$$

$$f(x_i-0)=\lim_{t\to-0}f(x_i+t)$$

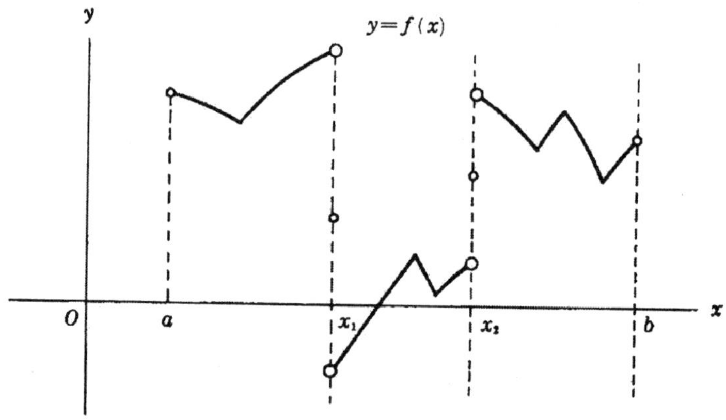

[그림 3-5]

가 존재하고, 구간 I의 단점에서

$$f(a+0)=\lim_{t\to+0} f(a+t)$$

$$f(b-0)=\lim_{t\to-0} f(b+t)$$

가 존재할 때 $f(x)$는 구간 I에서 **구분적으로 연속**(sectionally continuous)이라 한다.

예 3-5 다음의 관계식을 증명하여라.

$$\frac{1}{\pi}\int_{-\pi}^{0}\frac{\sin\left(m+\frac{1}{2}\right)t}{2\sin\frac{1}{2}t}dt=\frac{1}{2}$$

$$\frac{1}{\pi}\int_{0}^{\pi}\frac{\sin\left(m+\frac{1}{2}\right)t}{2\sin\frac{1}{2}t}dt=\frac{1}{2}$$

• 풀이 • $\cos nt\sin\frac{1}{2}t=\frac{1}{2}\left\{\sin\left(n+\frac{1}{2}\right)t-\sin\left(n-\frac{1}{2}\right)t\right\}$의 관계식을 이용하면

$$\sin\frac{1}{2}t\left\{\frac{1}{2}+\cos t+\cos 2t+\cdots\cdots+\cos mt\right\}$$

$$= \frac{1}{2}\left[\sin\frac{1}{2}t + \left\{\sin\frac{3}{2}t - \sin\frac{1}{2}t\right\} + \left\{\sin\frac{5}{2}t - \sin\frac{3}{2}t\right\} + \cdots\cdots + \left\{\sin\left(m+\frac{1}{2}\right)t - \sin\left(m-\frac{1}{2}\right)t\right\}\right]$$

$$= \frac{1}{2}\sin\left(m+\frac{1}{2}\right)t$$

가 된다.

$$\frac{1}{2} + \cos t + \cos 2t + \cdots\cdots + \cos mt = \frac{\sin\left(m+\frac{1}{2}\right)t}{2\sin\frac{1}{2}t}$$

이므로 이 식의 양변을 $-\pi$에서 0까지, 0에서 π까지 적분하면 원 관계식이 얻어진다. ■

예 3-6 구분적으로 연속인 $f(x)$에 대해서 다음의 관계를 증명하여라.

$$\lim_{n\to\infty}\int_{-\pi}^{\pi} f(x)\sin nx\,dx = 0$$

$$\lim_{n\to\infty}\int_{-\pi}^{\pi} f(x)\cos nx\,dx = 0$$

• 풀이 • (예 3-4)의 베셀 부등식

$$\frac{a_0^2}{2} + \sum_{n=1}^{\infty}\left(a_n^2 + b_n^2\right) \leq \frac{1}{n}\int_{-\pi}^{\pi}[f(x)]^2 dx$$

에서 $f(x)$가 구분적으로 연속이면 우변의 적분이 존재한다. 그러므로 $\frac{a_0^2}{2} + \sum_{n=1}^{\infty}\left(a_n^2 + b_n^2\right)$은 수렴하고 $n\to\infty$일 때 $a_n\to 0$, $b_n\to 0$이 되므로

$$a_n = \frac{1}{\pi}\int_{-\pi}^{\pi} f(x)\cos nx\,dx \to 0$$

$$b_n = \frac{1}{\pi}\int_{-\pi}^{\pi} f(x)\sin nx\,dx \to 0$$

이다. 또, 구분적으로 연속인 $f(x)$에 대해서는

$$\int_{-\pi}^{\pi} f(x)\sin\left(m+\frac{1}{2}\right)x\,dx = \int_{-\pi}^{\pi}\left\{f(x)\sin\frac{1}{2}x\right\}\cos mx\,dx$$

$$+\int_{-\pi}^{\pi}\left\{f(x)\cos\frac{1}{2}x\right\}\sin mx\,dx$$

로 되므로 $f(x)\sin\frac{1}{2}x$와 $f(x)\cos\frac{1}{2}x$도 구분적으로 연속이므로 (예 3-6)에서

$$\lim_{m\to\infty}\int_{-\pi}^{\pi}f(x)\sin\left(m+\frac{1}{2}\right)x\,dx=0 \tag{3-16}$$

이 성립한다. ■

예 3-7 2π를 주기로 하고, 구간 $[-\pi,\ \pi]$에서 구분적으로 연속이라 하면 $f(x)$의 푸리에 급수 $f(x)\sim\frac{a_0}{2}+\sum_{n=1}^{\infty}(a_n\cos nx+b_n\sin nx)$라 할 때 이 부분합 $S_m(x)$를 다음과 같이 표시할 수 있음을 증명하여라.

$$S_m(x)=\frac{a_0}{2}+\sum_{n=1}^{m}(a_n\cos nx+b_n\sin nx)$$

$$=\frac{1}{\pi}\int_{n=1}^{m}f(t+x)\frac{\sin\left(m+\frac{1}{2}\right)t}{2\sin\frac{1}{2}t}dt$$

• **풀이** • $a_n\cos nx+b_n\sin nx=\left\{\frac{1}{\pi}\int_{-\pi}^{\pi}f(u)\cos nu\,du\right\}\cos nx$

$$+\left\{\frac{1}{\pi}\int_{-\pi}^{\pi}f(u)\sin nu\,du\right\}\sin nx$$

$$=\frac{1}{\pi}\int_{-\pi}^{\pi}f(u)(\cos nu\cos nx+\sin nu\sin nx)\,du$$

$$=\frac{1}{\pi}\int_{-\pi}^{\pi}f(u)\cos n(u-x)\,du$$

가 되므로 $S_m(x)$는

$$S_m(x)=\frac{a_0}{2}+\sum_{n=1}^{m}(a_n\cos nx+b_n\sin nx)$$

$$=\frac{1}{\pi}\int_{-\pi}^{\pi}\frac{1}{2}f(u)\,du+\frac{1}{\pi}\sum_{n=1}^{m}\int_{-\pi}^{\pi}f(u)\cos n(u-x)\,du$$

$$=\frac{1}{\pi}\int_{-\pi}^{\pi}f(u)\left\{\frac{1}{2}+\cos(u-x)+\cos 2(u-x)+\cdots\cdots+\cos m(u-x)\right\}du$$

이다. 여기에 (예 3-5)를 이용하면

$$S_m(x)=\frac{1}{\pi}\int_{-\pi}^{\pi}f(u)\frac{\sin\left(m+\frac{1}{2}\right)(u-x)}{2\sin\frac{1}{2}(u-x)}du$$

$$=\frac{1}{\pi}\int_{-\pi-x}^{\pi-x}f(t+x)\frac{\sin\left(m+\frac{1}{2}\right)t}{2\sin\frac{1}{2}t}dt \qquad (t=u-x)$$

가 된다. 여기서 함수 $f(x)$는 2π를 주기로 하는 주기함수이므로 우변의 피적분 함수도 주기가 2π이다. 그래서 우변의 적분에서 상한치 $\pi-x$를 π로, 하한치 $-\pi-x$를 $-\pi$로 바꾸어도 적분치는 불변이다.

이상의 예를 이용하여 정리 1을 증명할 수 있다. ■

정리 1 푸리에 급수의 표현

주기가 2π인 주기함수 $f(x)$와 그 도함수 $f'(x)$가 임의의 폐구간에서 구분적으로 연속일 때 $f(x)$의 푸리에 급수는 $f(x)$가 연속인 점 x에서는 $f(x)$에, 불연속인 점 x에서는 $\frac{1}{2}\{f(x+0)+f(x-0)\}$에 수렴한다. 또 $f(x)$의 불연속점을 포함하지 않는 임의의 폐구간에서 $f(x)$의 푸리에 급수는 $f(x)$에 균일하게 수렴한다.

• 증명 • $f(x)$의 푸리에 급수의 부분합을 $S_m(x)$라 하면 (예 3-7)에서 $S_m(x)$는

$$S_m(x)=\frac{1}{\pi}\int_{-\pi}^{0}f(t+x)\frac{\sin\left(m+\frac{1}{2}\right)t}{2\sin\frac{1}{2}t}dt+\frac{1}{\pi}\int_{0}^{\pi}f(t+x)\frac{\sin\left(m+\frac{1}{2}\right)t}{2\sin\frac{1}{2}t}dt$$

이고 (예 3-5)의 적분에 $f(x-0)$과 $f(x+0)$을 각각 곱하여 정리하면

$$\frac{f(x+0)+f(x-0)}{2}=\frac{1}{\pi}\int_{-\pi}^{0}f(x-0)\frac{\sin\left(m+\frac{1}{2}\right)t}{2\sin\frac{1}{2}t}dt$$

$$+\frac{1}{\pi}\int_{0}^{\pi}f(x+0)\frac{\sin\left(m+\frac{1}{2}\right)t}{2\sin\frac{1}{2}t}dt$$

가 되며 위의 두 식을 변변 빼면

$$S_m(x) - \frac{f(x+0)+f(x-0)}{2}$$
$$= \frac{1}{\pi}\int_{-\pi}^{0} \frac{f(t+x)-f(x-0)}{2\sin\frac{1}{2}t} \sin\left(m+\frac{1}{2}\right)t\,dt$$
$$+ \frac{1}{\pi}\int_{0}^{\pi} \frac{f(t+x)-f(x+0)}{2\sin\frac{1}{2}t} \sin\left(m+\frac{1}{2}\right)t\,dt$$

가 된다. 주어진 조건에서 $f(x)$가 구분적으로 연속이므로 우변의 제2항에서 $\dfrac{f(t+x)-f(x-0)}{2\sin\frac{1}{2}t}$는 임의의 정의 수 ϵ에 대해서 $\epsilon \leqq t \leqq \pi$의 구간에서 구분적으로 연속이다. 여기서

$$\lim_{t\to+0} \frac{f(t+x)-f(x+0)}{2\sin\frac{t}{2}} = \lim_{t\to+0} \frac{f(t+x)-f(x+0)}{t} \cdot \frac{t}{2\sin\frac{1}{2}t}$$
$$= \lim_{t\to+0} \frac{f(t+x)-f(x+0)}{t}$$

이다. $f'(x)$가 구분적으로 연속이므로 우변의 극한치가 존재한다. 즉, 극한치는 $f'(x+0)$이고 $\dfrac{f(t+x)-f(x+0)}{2\sin\frac{1}{2}t}$은 $0 \leqq t < \pi$에서 구분적으로 연속이다. 그래서 식 (3-16)에서

$$\lim_{m\to\infty}\int_{0}^{\pi} \frac{f(t+x)-f(x+0)}{2\sin\frac{1}{2}t} \sin\left(m+\frac{1}{2}\right)t\,dt = 0$$

이다. 유사하게

$$\lim_{m\to\infty}\int_{0}^{\pi} \frac{f(t+x)-f(x+0)}{2\sin\frac{1}{2}t} \sin\left(m+\frac{1}{2}\right)t\,dt = 0$$

이므로

$$\lim_{m\to\infty} S_m(x) = \frac{f(x+0)+f(x-0)}{2}$$

이다. 그러므로 위의 정리 1에서 $f(x)$가 연속이면 $f(x)$와 그 푸리에 급수를 등호로 놓을 수 있다.

예 3-8 ① (예 3-1)의 $f(x)$는

$$f(x) \sim \frac{4k}{\pi}\left\{\sin x + \frac{1}{3}\sin 3x + \frac{1}{5}\sin 5x + \cdots\cdots\right\}$$

이다. $x=0$에서 $f(x)$의 푸리에 급수는 $\frac{1}{2}\{f(+0)+f(-0)\}=\frac{1}{2}(-k+k)=0$에 수렴한다.

② (예 3-2)의 $f(x)$는

$$f(x) \sim \frac{4}{\pi}\left\{\cos x + \frac{1}{3^2}\cos 3x + \frac{1}{5^2}\cos 5x + \cdots\cdots\right\}$$

이다. $x=0$에서 푸리에 급수는 $f(x)=\frac{\pi}{2}$에 수렴한다. 즉,

$$\frac{\pi}{2} = \frac{4}{\pi}\left\{1 + \frac{1}{3^2} + \frac{1}{5^2} + \cdots\cdots\right\}\text{에서 } 1 + \frac{1}{3^2} + \frac{1}{5^2} + \cdots\cdots = \frac{\pi^2}{8}$$

이다.

③ (예 3-3)의 $f(x)$는

$$f(x) \sim \frac{1}{3} + \frac{1}{\pi^2}\sum_{n=1}^{\infty}\left(\frac{1}{n^2}\cos 2n\pi x - \frac{\pi}{n}\sin 2n\pi x\right)$$

이다. $x=0$에서 푸리에 급수는 $\frac{1}{2}\{f(+0)+f(-0)\}=\frac{1}{2}(0+1)=\frac{1}{2}$에 수렴한다. 즉,

$$\frac{1}{2} = \frac{1}{3} + \frac{1}{\pi^2}\left(\frac{1}{1} + \frac{1}{2^2} + \frac{1}{3^2} + \cdots\cdots\right)\text{에서 } 1 + \frac{1}{2^2} + \frac{1}{3^2} + \cdots\cdots = \frac{\pi^2}{6}\text{ 이다.}$$

$f(x)$가 구간 $[-\pi, \pi]$에서 구분적으로 연속일 때 $f(x)$의 푸리에 급수를 $f(x) = \frac{1}{2}a_0 + \sum_{n=1}^{\infty}(a_n \cos nx + b_n \sin nx)$라 하면 이 푸리에 급수의 항별적분에 관해서 정리 2가 성립한다.

정리 2 **푸리에 급수의 항별적분**

구간 $[-\pi, \pi]$에서 $f(x)$가 구분적으로 연속이면 이 푸리에 급수를 항별적분하면 $-\pi \leqq x \leqq \pi$를 만족하는 임의의 x에 대해서

$$\int_0^x f(x)dx = \frac{a_0}{2}\int_0^x dx + \sum_{n=1}^{\infty}\left(a_n\int_0^x \cos nx\,dx + b_n\int_0^x \sin nx\,dx\right)$$
$$= \frac{a_0}{2}x + \sum_{n=1}^{\infty}\left\{\frac{a_n}{n}\sin nx + \frac{b_n}{n}(1-\cos nx)\right\} \tag{3-17}$$

예 3-9 ① 함수 $f(x)=x \quad (-2 \leqq \pi < 2)$의 푸리에 급수를 항별적분하여 함수 $g(x)=x^2 \quad (-2 \leqq \pi < 2)$의 푸리에 급수를 구하여라.

• 풀이 • ① $f(x)=x \quad (-2 \leqq \pi < 2)$의 푸리에 급수는

$$f(x) \sim \frac{4}{\pi}\left(\sin\frac{\pi x}{2} - \frac{1}{2}\sin\frac{2\pi x}{2} + \frac{1}{3}\sin\frac{3\pi x}{2} - \cdots\cdots\right)$$

이다. 위의 식을 항별적분하면

$$g(x) = 2\int_0^x f(x)\,dx = x^2$$
$$= c - \frac{16}{\pi^2}\left(\cos\frac{\pi x}{2} - \frac{1}{2^2}\cos\frac{2\pi x}{2} + \frac{1}{3^2}\cos\frac{3\pi x}{2} - \cdots\cdots\right)$$

가 된다. 위 식에서 c는

$$c = \frac{16}{\pi^2}\left(1 - \frac{1}{2^2} + \frac{1}{3^2} - \frac{1}{4^2}\cdots\cdots\right)$$

이다. $g(x)$의 푸리에 급수의 초항 c는 $c = \frac{a_0}{2} = \frac{1}{2}\int_0^2 x^2 dx = \frac{4}{3}$가 된다. 이 c를 위 식에 대입하면 $g(x)$의 푸리에 급수이다.

② x^2의 푸리에 급수에 $x=0$을 대입하면 $\frac{4}{3} = c = \frac{16}{\pi^2}\left(1 - \frac{1}{2^2} + \frac{1}{3^2} - \frac{1}{4^2}\cdots\cdots\right)$이므로

$$\sum_{n=1}^{\infty}\frac{(-1)^{n-1}}{n^2} = 1 - \frac{1}{2^2} + \frac{1}{3^2} - \frac{1}{4^2} + \cdots\cdots = \frac{\pi^2}{16}\cdot\frac{4}{3} = \frac{\pi^2}{12}$$

이다. ■

$f(x)$가 구간 $[-\pi, \pi]$에서 연속이고, $f'(x)$가 구분적으로 연속일 때 $f(x)$의 푸리에 급수는 정리 1에 의해서 $[-\pi, \pi]$에서 $f(x)$에 균일하게 수렴한다. 즉,

$$f(x) = \frac{a_0}{2} + \sum_{n=1}^{\infty}(a_n \cos nx + b_n \sin nx)$$

에서

$$\{f(x)\}^2 = \frac{a_0}{2}f(x) + \sum_{n=1}^{\infty} f(x)(a_n \cos nx + b_n \sin nx)$$

도 $[-\pi, \pi]$에서 균일하게 수렴한다. 그러므로 위의 식을 항렬적분하면

$$\int_{-\pi}^{\pi}\{f(x)\}^2 dx = \frac{a_0}{2}\int_{-\pi}^{\pi} f(x)\,dx + \sum_{n=1}^{\infty}\left[a_n \int_{-\pi}^{\pi} f(x)\cos nx\,dx + b_n \int_{-\pi}^{\pi} f(x)\sin nx\,dx\right]$$

가 된다. 여기서

$$a_n = \frac{1}{\pi}\int_{-\pi}^{\pi} f(x)\cos nx\,dx$$

$$b_n = \frac{1}{\pi}\int_{-\pi}^{\pi} f(x)\sin nx\,dx$$

이므로 이 관계식을 위의 식에 대입하면

$$\frac{1}{\pi}\int_{-\pi}^{\pi}\{f(x)\}^2 dx = \frac{a_0^2}{2} + \sum_{n=1}^{\infty}(a_n^2 + b_n^2) \tag{3-18}$$

가 된다. 이 식을 **파스발 등식**(parseval 's identity)라 한다.

예 3-10 $f(x) = |\sin x|$의 푸리에 급수와 식 (3-18)을 이용하여

$$\frac{1}{1^2 3^2} + \frac{1}{3^2 5^2} + \frac{1}{5^2 7^2} + \cdots\cdots = \frac{\pi^2 - 8}{16}$$

임을 증명하여라.

• **풀이** • $f(x)=|\sin x|$를 푸리에 급수로 전개하면

$$f(x)=\frac{2}{\pi}-\frac{4}{\pi}\left(\frac{\cos 2x}{2^2-1}+\frac{\cos 4x}{4^2-1}+\frac{\cos 6x}{6^2-1}+\cdots\cdots\right)$$

이고, 파스발 등식 (3-18)에 의해서

$$\frac{1}{\pi}\int_{-\pi}^{\pi}\{f(x)\}^2dx=\frac{1}{2}\left(\frac{4}{\pi}\right)^2+\left(\frac{4}{\pi}\right)^2\left(\frac{1}{2^2-1}\right)^2+\left(\frac{4}{\pi}\right)^2\left(\frac{1}{4^2-1}\right)^2$$
$$+\left(\frac{4}{\pi}\right)^2\left(\frac{1}{6^2-1}\right)^2+\cdots\cdots\cdots$$

로 된다. 위의 식에서

$$1=\frac{8}{\pi^2}+\frac{16}{\pi^2}\left(\frac{1}{1^23^2}+\frac{1}{3^25^2}+\frac{1}{5^27^2}+\cdots\cdots\right)$$

이므로

$$\frac{1}{1^23^2}+\frac{1}{3^25^2}+\frac{1}{5^27^2}+\cdots\cdots=\frac{\pi^2-8}{16}$$

이다. ■

다음 푸리에 급수의 항별미분에 대해 정리 3이 성립한다.

정리 3 푸리에 급수의 미분

2π를 주기로 하는 함수 $f(x)$가 연속이고, 그 도함수 $f'(x)$가 $-\pi \leqq x \leqq \pi$에서 구분적으로 연속이면 $f(x)$와 $f'(x)$의 푸리에 급수는 각각 $f(x)$와 $f'(x)$에(불연속점은 제외) 수렴하고, $f'(x)$의 푸리에 급수는 $f(x)$의 푸리에 급수를 항별로 미분하면 된다.

위의 정리에서 $f(x)=\frac{a_0}{2}+\sum_{n=1}^{m}(a_n\cos nx+b_n\sin nx)$이면 도함수 $f'(x)$는

$$f'(x)=\left\{\frac{a_0}{2}+\sum_{n=1}^{\infty}(a_n\cos nx+b_n\sin nx)\right\}'$$
$$=\sum_{n=1}^{\infty}(-na_n\sin nx+nb_n\cos nx)$$

이다.

예 3-11 (예 3-9)의 함수 $f(x)=x \quad (-2 \leqq x < 2)$의 푸리에 급수를 이용하여 $g(x)=1$의 푸리에 급수를 구하여라.

• 풀이 • (예 3-9)에서 $f(x)=x \quad (-2 \leqq x < 2)$의 푸리에 급수

$$x \sim \frac{4}{\pi}\left(\sin\frac{\pi}{2}x - \frac{1}{2}\sin\frac{2\pi}{2}x + \frac{1}{3}\sin\frac{3\pi}{2}x - \frac{1}{4}\sin\frac{4\pi}{2}x + \cdots\cdots\right)$$

이다. 이 급수를 항별로 미분하면

$$1 \sim 2\left(\cos\frac{\pi}{2}x - \cos\frac{2\pi}{2}x + \cos\frac{3\pi}{2}x - \cos\frac{4\pi}{2}x\cdots\cdots\right)$$

가 된다. 위의 식 우변에서 $x=2$일 때 $\cos\frac{n\pi}{2}x \to 0$으로 되지 않는다. 즉, 우변은 수렴하지 않는다. 다시 말해서 정리 3의 가정이 $x=2$에서 적용되지 않는다. ■

연습문제

1. 2π를 주기로 하는 다음 함수의 푸리에 급수를 구하여라.

(1) $f(x)=x \quad (-\pi < x < \pi)$

(2) $f(x)=x^2 \quad (-\pi < x < \pi)$

(3) $f(x)=x^4 \quad (-\pi < x < \pi)$

2. T를 주기로 하는 다음 함수의 푸리에 급수를 구하여라.

(1) $T=4,\ f(x)=\begin{cases} 0 & (-2 < x < 0) \\ 1 & (0 < x < 2) \end{cases}$

(2) $T=2,\ f(x)=x \quad (-1 < x < 1)$

(3) $T=4,\ f(x)=|x| \quad (-2 < x < 2)$

(4) $T=2,\ f(x)=\begin{cases} x & (0 < x < 1) \\ 1-x & (1 < x < 2) \end{cases}$

(5) $T=2,\ f(x)=\begin{cases} \frac{1}{2} & (-1 < x < 0) \\ -x & (0 < x < 1) \end{cases}$

(6) $T=1$, $f(x)=\begin{cases} x+\dfrac{1}{2} & \left(-\dfrac{1}{2}<x<0\right) \\ -x+\dfrac{1}{2} & \left(0<x<\dfrac{1}{2}\right) \end{cases}$

3. $-\pi<x<\pi$이고 $f(x+2\pi)=f(x)$일 때 $f(x)=e^x$의 복소형 푸리에 급수가 다음과 같음을 증명하여라.

$$f(x)=\frac{\sinh\pi}{\pi}\sum_{n=-\infty}^{\infty}(-1)^n\frac{1+in}{1+n^2}e^{inx}$$

4. $0\leqq x\leqq\pi$에 대해서 (a) 우함수(주기$=\pi$) (b) 기함수(주기$=2\pi$)로 전개하면 다음과 같음을 증명하여라.

(1) $x(\pi-x)=\dfrac{\pi^2}{6}-\left(\dfrac{\cos 2x}{1^2}+\dfrac{\cos 4x}{2^2}+\dfrac{\cos 6x}{3^2}+\cdots\cdots\right)$

(2) $x(\pi-x)=\dfrac{8}{\pi}\left(\dfrac{\sin x}{1^2}+\dfrac{\sin 3x}{3^2}+\dfrac{\sin 5x}{5^3}+\cdots\cdots\right)$

5. 다음을 증명하여라.

(1) $\displaystyle\sum_{n=1}^{\infty}\frac{1}{n^2}=\frac{\pi^2}{6}$

(2) $\displaystyle\sum_{n=1}^{\infty}\frac{(-1)^{n-1}}{n^2}=\frac{\pi^2}{12}$

(3) $\displaystyle\sum_{n=1}^{\infty}\frac{(-1)^{n-1}}{(2n-1)^3}=\frac{\pi^2}{32}$

6. (1) $-\pi<x<\pi$에 대해서 다음을 증명하여라.

$$x=2\left(\frac{\sin x}{1}-\frac{\sin 2x}{2}+\frac{\sin 3x}{3}+\cdots\cdots\right)$$

(2) (1)의 결과를 적분하여 $-\pi\leqq x\leqq\pi$에서 다음 식을 증명하여라.

$$x^2=\frac{\pi^2}{3}-4\left(\frac{\cos x}{1^2}-\frac{\cos 2x}{2^2}+\frac{\cos 3x}{3^2}-\cdots\cdots\right)$$

(3) (2)의 결과를 적분하여 $-\pi \leqq x \leqq \pi$에서 다음 식을 증명하여라.

$$x(\pi - x)(\pi + x) = 12\left(\frac{\sin x}{1^3} - \frac{\sin 2x}{2^3} + \frac{\sin 3x}{3^3} - \cdots\cdots\right)$$

7. (1) $-\pi < x < \pi$에서 다음 식을 증명하여라.

$$x\cos x = -\frac{1}{2}\sin x + 2\left(\frac{2}{1\cdot 3}\sin 2x - \frac{3}{2\cdot 4}\sin 3x + \frac{4}{3\cdot 5}\sin 4x\cdots\cdots\right)$$

(2) $-\pi \leqq x \leqq \pi$에서 다음 식을 증명하여라.

$$x\sin x = 1 - \frac{1}{2}\cos x - 2\left(\frac{\cos 2x}{1\cdot 3} - \frac{\cos 3x}{2\cdot 4} + \frac{\cos 4x}{3\cdot 5} - \cdots\cdots\right)$$

(3) 문제 4의 (2)를 미분하여 $0 \leqq x \leqq \pi$에서 다음 식을 증명하여라.

$$x = \frac{\pi}{2} - \frac{4}{\pi}\left(\frac{\cos x}{1^2} + \frac{\cos 3x}{3^2} + \frac{\cos 5x}{5^2} + \cdots\cdots\right)$$

3-2 푸리에 적분

1. 푸리에 적분

주기함수를 삼각함수 $\cos nx$, $\sin nx\,(n=0, 1, 2, \cdots\cdots)$의 1차결합으로 표시하고자 한 것에서 푸리에 급수의 개념이 발생하였다. 그러나 무한구간에서 주기를 갖지 않는 함수는 푸리에 급수로 표시할 수 없다.

이러한 함수를 삼각함수의 적분

$$f(x)=\int_0^\infty \{A(\alpha)\cos\alpha x+B(\alpha)\sin\alpha x\}\,d\alpha$$

으로 표시할 때 푸리에 적분이 필요하게 된다. 먼저 함수 $f(x)$가 $(-\infty, \infty)$ 내에서 정의되고 이 구간 내에서 $f(x)$의 절대적분, 즉 $\int_{-\infty}^{\infty}|f(x)|\,dx$가 존재한다고 가정한다.

지금 구간 $-L \leqq x \leqq L$ 내에서 $f(x)$를 생각하고 푸리에 급수로 표시하면 식 (3-11)에서 $f(x)$는

$$f(x)=\frac{a_0}{2}+\sum_{n=1}^{\infty}\left(a_n\cos\frac{n\pi x}{L}+b_n\sin\frac{n\pi x}{L}\right)$$

$$a_n=\frac{1}{L}\int_{-L}^{L}f(u)\cos\frac{n\pi u}{L}\,du$$

$$b_n=\frac{1}{L}\int_{-L}^{L}f(u)\sin\frac{n\pi u}{L}\,du$$

이다. 위의 식에서

$$f(x)=\frac{1}{2L}\int_{-L}^{L}f(u)\,du+\sum_{n=1}^{\infty}\left[\frac{1}{L}\int_{-L}^{L}f(u)\cos\frac{n\pi u}{L}\,du\cdot\cos\frac{n\pi x}{L}\,du\right.$$
$$\left.+\frac{1}{L}\int_{-L}^{L}f(u)\sin\frac{n\pi u}{L}\,du\cdot\sin\frac{n\pi x}{L}\,du\right]$$

로 된다. $L \to \infty$일 때 $\int_{-\infty}^{\infty} |f(u)| du$가 유한확정이므로 위 식에서 우변의 제1항은 0에 수렴하며 $\Delta\alpha = \pi/L$라 하고 $L \to \infty$일 때 모든 x에 대해서 $f(x)$는

$$f(x) = \lim_{\Delta\alpha \to 0} \left[\sum_{n=1}^{\infty} A(n\Delta\alpha) \cos(n\Delta\alpha x) \Delta\alpha + \sum_{n=1}^{\infty} B(n\Delta\alpha) \sin(n\Delta\alpha x) \Delta\alpha \right]$$

에서

$$f(x) = \int_0^{\infty} A(\alpha) \cos \alpha x d\alpha + \int_0^{\infty} B(\alpha) \sin \alpha x d\alpha \tag{3-19}$$

로 된다. 여기서 $A(\alpha)$와 $B(\alpha)$는

$$\left. \begin{aligned} A(\alpha) &= \frac{1}{\pi} \int_{-\infty}^{\infty} f(u) \cos \alpha u \, du \\ B(\alpha) &= \frac{1}{\pi} \int_{-\infty}^{\infty} f(u) \sin \alpha u \, du \end{aligned} \right\} \tag{3-20}$$

식 (3-19)를 **푸리에 적분**(Fourier integral)이라 하며 $A(\alpha)$와 $B(\alpha)$는 식 (3-20)으로 구할 수 있다. 식 (3-20)을 (3-19)에 대입하여 다음과 같이 **푸리에 적분의 등가형**(equivalent forms of fourier integral)을 구한다.

$$f(x) = \frac{1}{\pi} \int_0^{\infty} \int_{-\infty}^{\infty} f(u) \cos \alpha (x-u) \, du \, d\alpha \tag{3-21}$$

식 (3-21)을 복소형 푸리에 적분에 대응시키기 위해 다음의 적분을 계산한다.

$$\begin{aligned} \int_{-\infty}^{\infty} \int_{-\infty}^{\infty} f(u) e^{i\alpha(x-u)} du \, d\alpha &= \int_{-\infty}^{0} \int_{-\infty}^{\infty} f(u) e^{i\alpha(x-u)} du \, d\alpha \\ &\quad + \int_0^{\infty} \int_{-\infty}^{\infty} f(u) e^{i\alpha(x-u)} du \, d\alpha \\ &= \int_0^{\infty} \int_{-\infty}^{\infty} f(u) e^{-i\alpha(x-u)} du \, d\alpha + \int_0^{\infty} \int_{-\infty}^{\infty} f(u) e^{i\alpha(x-u)} du \, d\alpha \end{aligned}$$

$$= \int_0^\infty \int_{-\infty}^\infty f(u) \{ e^{i\alpha(x-u)} + e^{-i\alpha(x-u)} \} du\, d\alpha$$

$$= 2 \int_0^\infty \int_{-\infty}^\infty f(u) \cos \alpha (x-u) du\, d\alpha$$

그래서 식 (3-21)은 위의 식에서

$$f(x) = \frac{1}{\pi} \int_0^\infty \int_{-\infty}^\infty f(u) \cos \alpha (x-u) du\, d\alpha$$

$$= \frac{1}{2\pi} \int_{-\infty}^\infty \int_{-\infty}^\infty f(u) e^{i\alpha(x-u)} du\, d\alpha \qquad (3\text{-}22)$$

가 된다. 식 (3-22)에서

$$f(x) = \frac{1}{2\pi} \int_{-\infty}^\infty \left[\int_{-\infty}^\infty f(u) e^{-i\alpha u} du \right] e^{i\alpha x} d\alpha \qquad (3\text{-}23)$$

이다. 여기서

$$\left. \begin{aligned} f(x) &= \frac{1}{\sqrt{2\pi}} \int_{-\infty}^\infty f(\alpha) e^{+i\alpha x} d\alpha \\ F(\alpha) &= \frac{1}{\sqrt{2\pi}} \int_{-\infty}^\infty f(u) e^{-i\alpha u} du \end{aligned} \right\} \qquad (3\text{-}24)$$

이다. 식 (3-23)이 푸리에 적분의 등가형이며 식 (3-24)에서 $F(\alpha)$를 함수 $f(x)$의 푸리에 변환(fourier transform), $f(x)$를 $F(\alpha)$의 역 푸리에 변환(inverse fourier transform)이라 한다.

또 $f(x)$가 우함수, 기함수의 경우 식 (3-19)는 각각 cos, sin만의 항으로 되어서 다음과 같다.

$f(x)$가 우함수의 경우

$$\left. \begin{aligned} f(x) &= \sqrt{\frac{2}{\pi}} \int_0^\infty F_c(\alpha) \cos \alpha x\, d\alpha \\ F_c(\alpha) &= \sqrt{\frac{2}{\pi}} \int_0^\infty f(u) \cos \alpha u\, du \end{aligned} \right\} \qquad (3\text{-}25)$$

이고, 기함수의 경우

$$\left.\begin{aligned} f(x) &= \sqrt{\frac{2}{\pi}}\int_0^{\infty} F_s(\alpha)\sin\alpha x\, d\alpha \\ F_s(\alpha) &= \sqrt{\frac{2}{\pi}}\int_0^{\infty} f(u)\sin\alpha u\, du \end{aligned}\right\} \tag{3-26}$$

이다. 위의 식에서 $F_c(\alpha)$를 $f(x)$의 **코사인 변환**, $F_s(\alpha)$를 **사인 변환**이라 한다.

2. 푸리에 적분의 수렴

푸리에 급수가 수렴하기 위한 충분조건과 유사한 조건하에서 푸리에 적분의 수렴에 대해서도 성립한다.

정리 4 **푸리에 적분의 수렴**

함수 $f(x)$가 $(-\infty, \infty)$에서 정의되고, 임의의 유한인 폐구간에서 $f(x)$와 $f'(x)$가 구분적으로 연속이고, $\int_{-\infty}^{\infty} |f(x)|dx$가 유한확정이면 $f(x)$는 점 x에서 연속일 때

$$f(x) = \frac{1}{\pi}\int_0^{\infty}\int_{-\infty}^{\infty} f(u)\cos\alpha(x-u)\,du\,d\alpha$$

이고 $f(x)$는 점 x에서 불연속일 때

$$\frac{f(x+0)+f(x-0)}{2} = \frac{1}{\pi}\int_0^{\infty}\int_{-\infty}^{\infty} f(u)\cos\alpha(x-u)\,du\,d\alpha$$

이다. 위의 정리의 조건에서 $f(x)$가 점 x에서 연속일 때 식 (3-24), (3-25), (3-26)이 성립한다.

예 3-12 $f(x) = 1\ (|x| \leq a),\ 0\ (|x| > a)$에 대하여

① $f(x)$의 푸리에 변환 $F(\alpha)$와 $F(0)$을 구하여라.
② $a=3$일 때 $f(x)$와 $F(\alpha)$의 그래프를 그려라.

• 풀이 • ① 식 (3-24)에서 $F(\alpha)$는

$$F(\alpha)=\frac{1}{\sqrt{2\pi}}\int_{-\infty}^{\infty}f(u)\,e^{i\alpha u}du=\frac{1}{\sqrt{2\pi}}\int_{-a}^{a}e^{i\alpha u}du$$

$$=\frac{1}{\sqrt{2\pi}}\frac{1}{i\alpha}\left[e^{i\alpha u}\right]_{-a}^{a}=\frac{1}{\sqrt{2\pi}}\frac{e^{i\alpha a}-e^{i\alpha a}}{i\alpha}$$

$$=\sqrt{\frac{2}{\pi}}\,\frac{\sin\alpha a}{\alpha}\qquad(\alpha\neq 0)$$

이다. 위의 식에서 $\alpha=0$일 때, 즉

$$F(0)=\frac{1}{\sqrt{2\pi}}\int_{-a}^{a}du=\sqrt{\frac{2}{\pi}}\,a$$

이다.

② $a=3$일 때, $f(x)$와 $F(\alpha)$의 그래프는 [그림 3-6]과 같다. ■

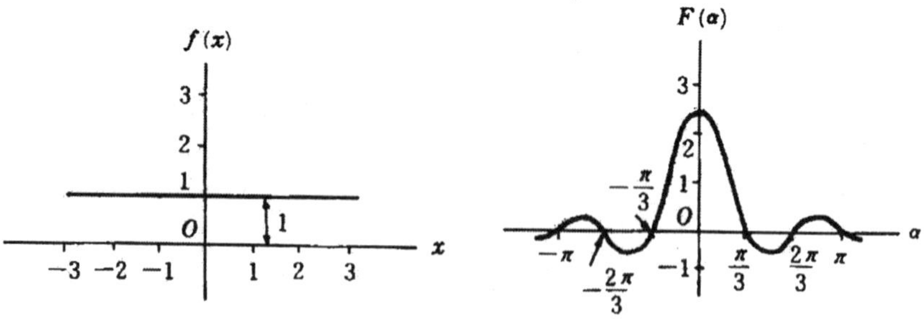

[그림 3-6]

예 3-13 다음 적분방정식의 해 $f(x)$를 구하여라.

$$\int_{0}^{\infty}f(x)\cos\alpha x\,dx=\begin{cases}1-\alpha & (0\leqq\alpha\leqq 1)\\ 0 & (\alpha>1)\end{cases}$$

• 풀이 • 식 (3-25)의 cos 변환에서

$$\sqrt{\frac{2}{\pi}}\int_{0}^{\infty}f(x)\cos\alpha x\,dx=F_c(\alpha)$$

라 하면

$$F_c(\alpha)=\begin{cases}\sqrt{\dfrac{2}{\pi}}(1-\alpha) & (0\leqq\alpha\leqq 1)\\ 0 & (\alpha>1)\end{cases}$$

이다. 여기서 $f(x)$는

$$\begin{aligned}f(x)&=\sqrt{\frac{2}{\pi}}\int_0^\infty f_c(\alpha)\cos\alpha x\,d\alpha\\&=\sqrt{\frac{2}{\pi}}\int_0^1\sqrt{\frac{2}{\pi}}(1-\alpha)\cos\alpha x\,d\alpha\\&=\frac{2}{\pi}\int_0^1(1-\alpha)\cos\alpha x\,d\alpha\\&=\frac{2(1-\cos x)}{\pi x^2}\end{aligned}$$

가 된다. ■

예 3-14 $\int_{-\infty}^\infty|f_1(x)|dx$와 $\int_{-\infty}^\infty|f_2(x)|dx$가 유한확정일 때 $f_1(x)$와 $f_2(x)$의 푸리에 변환을 각각 $g_1(\alpha)$, $g_2(\alpha)$라 하면

$$h(x)=\int_{-\infty}^\infty f_1(t)f_2(x-t)\,dt$$

의 푸리에 변환은 $\sqrt{2\pi}\,g_1(\alpha)g_2(\alpha)$임을 증명하여라.

• 풀이 • $h(x)$의 푸리에 변환은 식 (3-24)를 이용하면

$$\begin{aligned}\frac{1}{\sqrt{2\pi}}\int_{-\infty}^\infty h(u)e^{-i\alpha u}du&=\frac{1}{\sqrt{2\pi}}\int_{-\infty}^\infty\left[\int_{-\infty}^\infty f_1(t)f_2(u-t)\,dt\right]e^{-i\alpha u}du\\&=\frac{1}{\sqrt{2\pi}}\int_{-\infty}^\infty f_1(t)\left[\int_{-\infty}^\infty f_2(u-t)e^{-i\alpha u}du\right]dt\\&=\frac{1}{\sqrt{2\pi}}\int_{-\infty}^\infty f_1(t)\left[\int_{-\infty}^\infty f_2(u-t)e^{-i\alpha(u-t)}du\right]e^{-i\alpha t}dt\\&=\frac{1}{\sqrt{2\pi}}\left[\int_{-\infty}^\infty f_1(t)e^{-i\alpha t}dt\right]\left[\int_{-\infty}^\infty f_2(x)e^{-i\alpha x}dx\right]\\&=\sqrt{2\pi}\,g_1(\alpha)\,g_2(\alpha)\qquad(x=u-t)\end{aligned}$$

이다. ■

연습문제

1. $\int_{-\infty}^{\infty} \frac{\sin \alpha a \cos \alpha x}{\alpha} d\alpha$를 계산하여라.

2. $f(x) = e^{-mx}\ (m > 0)$의 푸리에 cos 변환을 구하여라.

3. 2번 문제 결과를 이용하여 $\int_{0}^{\infty} \frac{\cos pv}{v^2 + \beta^2} dv = \frac{\pi}{2\beta} e^{-p\beta}\ (p > 0,\ \beta > 0)$을 증명하여라.

4. 다음 적분방정식의 해를 구하여라.

$$\int_{0}^{\infty} f(x) \sin \alpha x\, dx = \begin{cases} 1 - \alpha & (0 \leqq \alpha \leqq 1) \\ 0 & (\alpha > 1) \end{cases}$$

5. 다음 적분방정식의 해 $y(x)$를 구하여라.

$$\int_{-\infty}^{\infty} \frac{y(u)\, du}{(x-u)^2 + a^2} = \frac{1}{x^2 + b^2}\ (0 < a < b)$$

연습문제 해답

연습문제 해답

제1장 미분방정식

1-1 1계 상미분방정식

1. (1) 1계 1차 (2) 1계 4차 (3) 2계 1차

(4) 2계 1차 (5) 3계 1차 (6) 1계 1차

2. (1) $x^2y'' - 2xy' + 2y = 0$ (2) $2y' + xy'' = xy$

(3) $y'' + y = 0$ (4) $(x^2+y^2)y'' = 2(1+y'^2)(xy'-y)$

(5) $x^2y'' + xy' - y = 0$ (6) $y'' + \omega^2 y = 0$

3. $x\dfrac{\partial z}{\partial x} + y\dfrac{\partial z}{\partial y} = 0$

4. $x + y + \left(yy' + \dfrac{x}{y'}\right) = 3$

5. $y^2y'^2 + y^2 = r^2$

6. (1) $y = \ln(Cx)$ (2) $y = \sin(x + C)$

(3) $y = 1 + Ce^{-\sin x}$ (4) $y = Cxe^{\frac{1}{2}(x^{-2}+y^{-2})}$

(5) $\ln[(y-1)y^{-1}] = e^x + C$ (6) $e^{x2} + e^{-y2} = C$

7. (1) $\sec x - \tan y = |-\tan|$ (2) $\tan^{-1}y - 2\sqrt{1+x} = \dfrac{\pi}{4} - 2$

(3) $y = 2x + 1$

8. (1) $x + y = \nu$로 놓고 풀면 $y = C\tan^{-1}\dfrac{x+y}{a} + C$

(2) $ax + by + c = \nu$로 놓으면 변수가 분리됨.

9. (1) $x^2 + 2xy - y^2 = C$ (2) $\sin^{-1}\dfrac{y}{x} = \ln(Cx)$

(3) $x+3y+2\ln(2-x-y)=C$ (4) $(4y-x-3)(y+2x-3)^2=C$

(5) $x^2=C\sinh^3\dfrac{y}{x}$ (6) $x+2ye^{x/y}=C$

10. (1) $y^3=x^2+y^2$ (2) $2x^2+2xy=6$

11. (1) $y=x-1+Ce^{-x}$ (2) $y=x^2-2x+2+Ce^{-x}$

(3) $y+1=Ce^{x^2/2}$ (4) $ye^{\sin x}=x+C$

(5) $y^2e^{+x^{-1}}=e^x+C$ (6) $y^{-3}=-\dfrac{1}{2}+Ce^{3x^2}$

(7) $y^{-1}=-\sin x+Ce^x$ (8) $x^2y^{-2}=-\dfrac{2}{3}x^3\left(\dfrac{2}{3}+\ln x\right)+C$

12. (1) $x^4y^3-x^2y=C$ (2) $e^{3x}y-x^2=C$ (3) $x\cos y+y\sin x=C$

(4) $x^6y^3+x^4y^5=C$ (5) $ye^{x^2}-x^2=C$ (6) $xy^2+e^x\sin y=C$

13. 본문 참조

14. (1) $x^4+10x^2y^2+2y^4=13$ (2) $xy^2+e^x\sin y=0$

15. (1) $x^{-2}y^{-2}$, $x^2+y=Cxy$ (2) $(x^2+y^2)^{-1}$, $\tan^{-1}\dfrac{y}{x}-2x=C$

(3) x^{-3}, $e^xy^2+2x^{-1}-x^{-2}y=C$ (4) 1, $x^2+3x\ln y=C$

(5) $(xy)^{-4}$, $x^{-3}y^{-3}+2x^{-2}y^{-2}+3\ln y=C$ (6) $x^{-1}y^{-2}$, $\ln x-xy^{-1}=C$

16. 본문 참조

17. 본문 참조

18. (1) $(y-C)(y-x-C)=0$ (2) $(2a\sqrt{y}-x-C)(2a\sqrt{y}+x-C)=0$

(3) $(xy-C)(x^2y-C)=0$ (4) $(xy-2-Cx)(1+12xy^2+2Cy^2)=0$

(5) $(x-C)(y^2-x^2-C)(y^2-x^2-Cx^2)=0$

(6) $(y-C)(y-x-C)(2y-x^2-C)(y-Ce^{2x})=0$

19. (1) $y=Cx+\sqrt{1+C^2}$, $x^2+y^2=1$ (2) $y=Cx+\ln C$, $y=\ln x-1$

(3) $y=\dfrac{Cx+a^2}{C}$, $y^2=4a^2x$ (4) $y=(x+1)C-C^2$, $y=\dfrac{1}{4}(x+1)^2$

(5) $y=Cx^{-1}-2C^2$, $y=\dfrac{1}{8}x^{-2}$ (6) $y^2=Cx-\dfrac{1}{2}C^2$, $y^2=\dfrac{1}{2}x^2$

(7) $(y-x-1-C)^2=4C(x+1)$ (8) $4(x^2+2y)^3=(x^3+3xy+6C)^2$

(9) $x=\dfrac{2}{3}p+Cp^{-2}$, $y=2xp-p^2$ (10) $x=2(1-p)+Ce^{-p}$, $y=2xp-p^2$

1-2 고계 미분방정식

1. (1) $y=\frac{a}{2}x^2+\frac{b}{6}x^3-\frac{C}{12}x^4+C_2x+C_3$

(2) $y=\cos x+C_1x+C_2$

(3) $y=e^x+C_1x+C_2$

(4) $y=xe^x-3e^x+C_1x^2+C_2x+C_3$

(5) $y=\frac{1}{2}x^2\ln x-\frac{3}{4}x^2+C_1x^2+C_2x+C_3$

(6) $y=C_1e^x+C_2e^{-x}+6$

2. 본문 참조

3. (1) $y=C_1e^{ax}+C_2x+C_3$

(2) $y=-\ln|\sin(x+C)|+C_1$

(3) $y=\frac{(x-C_1)^{n+1}}{3\cdot 4\cdots n(n+1)}+\frac{C_2x^{n-2}}{(n-2)!}+\cdots\cdots+C_{n-1}x+C_n$

(4) $x=\int\frac{f'(q)}{q}dq+C_1,\ y=\int\frac{f(p)f'(p)}{p}dp+C_2$

(5) $y=C_1e^{x/a}+C_2e^{-x/a}+C_3x+C_4$

(6) $y=C_1e^x+C_2e^{-x}+C_3x+C_4$

4. (1) $y=\frac{C_1}{3}x^3-\frac{1}{2}x^2+C_2$

(2) $y=\frac{2}{3}x^3-x^2+2x+\ln(x+1)+C_2$

(3) $y=C_1x+C_1^2\ln(x-C_1)+C_2$

(4) $y=C_1x+\cos 2x+C_2$

(5) $y=x^2+C_1\ln x+C_2$

(6) $(x+C_1)^2+y^2=a^2$

(7) $(x+b)^2-y^2=a^2$

(8) $x=y-C_1\ln(y+C_1)+C_2,\ y=C$

5. (1) $y=e^{x^2+ax+b}$

(2) $y=\frac{C_2}{\cos(x+C_1)}$

(3) $y=C_2\sqrt{2e^x-C_1}$

(4) $y=C_2\ln(e^x+C_1)$

(5) $y=C_1x^{C_2}$

(6) $Cy-C^2\ln(y+C)=\ln x+C_1$

(7) $y^3=C_1\ln x+C_2$

(8) $y=x\left(C_1-\sin^{-1}\frac{C_2}{x}\right)$

6. (1) $3(x^2-1)y=x^3+C_1x^2+C_2$

(2) $x^2y=C_1e^x+C_2e^{-x}+C_3x+x^5$

(3) $y^2=x\ln x+C_1x^2+C_2x+C_3$

(4) $xy^3+y=x^3+C_1x^2+C_2x+C_3$

(5) $y^2=x^2+C_1+C_2x+C_3e^{-x}$

(6) $(x^2+1)y=\sin x+C_1x+C_2$

1-3 선형미분방정식

1. 본문 참조

2. 본문 참조

3. 본문 참조

4. 본문 참조

5. (1) $y=C_1e^{2x}+C_2e^{-3x}$

(2) $y=C_1+C_2e^{4x}+C_3e^{-3x}$

(3) $y=C_1e^{2x}+C_2e^{-2x}+C_3e^{-3x}+C_4xe^{-3x}$

(4) $y=(C_1+C_2x+C_3x^2)e^{-x}+C_4e^{4x}$

(5) $y=e^x(C_1\cos 3x+C_2\sin 3x)$

(6) $y=e^{-x}(C_1\cos\sqrt{2}\,x+C_2\sin\sqrt{2}\,x)+e^{x/2}\left(C_3\cos\dfrac{\sqrt{3}}{2}x+C_4\sin\dfrac{\sqrt{3}}{2}x\right)$

(7) $y=C_1e^{2x}+C_2e^{-2x}+C_3\cos 3x+C_4\sin 3x$

(8) $y=C_1e^x+C_2\cos 3x+C_3\sin 3x$

(9) $y=(C_1+C_2x)e^x+(C_3+C_4x)e^{2x}$

(10) $y=C_1\cos x+C_2\sin x+(C_3+C_4x)\cos 2x+(C_5+C_6x)\sin 2x$

6. (1) $y=C_1e^x+C_2e^{-x}-x^2-2$

(2) $y=x+2+C_1e^x+C_2xe^x$

(3) $y=-\dfrac{x}{4}+\dfrac{1}{4}+C_1e^{-2x}+C_2e^{-x}+C_3e^{2x}$

(4) $y=C_1+C_2x+C_3x^2+C_4x^3+C_5e^x+C_6e^{-x}-\dfrac{1}{360}(x^6+30x^4)$

(5) $y=e^{-\frac{x}{2}}\left(C_1\cos\dfrac{\sqrt{5}}{2}x+C_2\sin\dfrac{\sqrt{5}}{2}x\right)+\dfrac{1}{3}x^2+\dfrac{2}{9}x-\dfrac{26}{27}$

(6) $y=C_1e^{-2x}+e^x(C_2\cos x+C_3\sin x)+\dfrac{1}{4}x^4+\dfrac{1}{2}x^3+\dfrac{3}{2}x^2-\dfrac{5}{4}x-\dfrac{7}{8}$

(7) $y=C_1+C_2e^x+C_3e^{3x}+\dfrac{1}{9}x^3+\dfrac{4}{9}x^2+\dfrac{26}{27}x$

(8) $y=x^2+x+C_1e^{-x}+e^{x/2}\left(C_2\cos\dfrac{\sqrt{3}}{2}x+C_3\sin\dfrac{\sqrt{3}}{2}x\right)$

7. (1) $y=C_1e^x+C_2e^{-x}+\dfrac{1}{2}xe^x$ (2) $y=C_1e^{2x}+C_2e^x+\dfrac{1}{2}e^{3x}$

(3) $y = C_1 e^{-2x} + C_2 e^{5x} - \frac{1}{12} e^{x}$

(4) $y = C_1 e^{x} + C_2 e^{6x} + \frac{1}{5} x e^{6x}$

(5) $y = C_1 e^{x} + C_2 e^{3x} + C_3 e^{-2x} + \frac{1}{10} x e^{3x}$

(6) $y = C_1 e^{x} + C_2 e^{3x} + C_3 e^{-2x} + \frac{1}{18} e^{4x} - \frac{3}{2} e^{2x} + \frac{3}{2}$

(7) $y = (C_1 + C_2 x)\cos x + (C_3 + C_4 x)\sin x + e^{x}$

(8) $y = C_1 e^{x} + C_2 e^{3x} + C_3 x e^{2x} + \frac{1}{2} x^2 e^{2x} + 2x e^{x} - \frac{1}{6} e^{-x}$

8. (1) $y = C_1 e^{2x} + C_2 e^{-2x} + \frac{1}{125} e^{3x}(25x^2 - 60x + 62)$

(2) $y = (C_1 + C_2 x) e^{2x} + e^{x} + \frac{1}{6} x^3 e^{2x}$

(3) $y = e^{-x}(C_1 \cos x + C_2 \sin x) + \frac{1}{2}(x+1) e^{-2x}$

(4) $y = (C_1 + C_2 x) e^{x} + \frac{1}{3!} x^3 e^{x}$

(5) $y = (C_1 + C_2 x) e^{x} + e^{x}\left(\frac{1}{12} x^4 + \frac{1}{6} x^3\right)$

(6) $y = C e^{x} + (x+2) e^{2x}$

9. (1) $-\frac{1}{9} x \cos(3x+5)$

(2) $\frac{1}{9} x \sin(3x+5)$

(3) $\frac{1}{13}(2\sin 3x - 3\cos 3x)$

(4) $\frac{1}{13}(3\sin 3x + 2\cos 3x)$

(5) $-\frac{1}{50}(4\sin 2x + 3\cos 2x)$

(6) $\frac{1}{150}(9\sin 3x - 13\cos 3x)$

10. (1) $y = C_1 e^{-x} + C_2 e^{-2x} + \frac{1}{20}(3\sin 2x - \cos 2x)$

(2) $y = e^{x/2}\left(C_1 \cos \frac{\sqrt{3}}{2} x + C_2 \sin \frac{\sqrt{3}}{2} x\right) + \frac{1}{13}(2\cos 2x - 3\sin 2x)$

(3) $y = C_1 \cos 2x + C_2 \sin 2x - \frac{1}{5} \sin 3x$

(4) $y = C_1 e^{x} + C_2 e^{4x} + \cos 2x$

(5) $y = C_1 \cos x + C_2 \sin x + C_3 e^{-x} + \frac{1}{15}(2\cos 2x - \sin 2x) - \frac{1}{80}(3\sin 3x + \cos 3x)$

(6) $y = C_1 e^{x} + C_2 e^{-x} + C_3 \cos x + C_4 \sin x + \frac{1}{15} sin2x$

(7) $y = C_1 \cos x + C_2 \sin x + C_3 e^{-x} + \frac{1}{4}(e^{x} + 2x e^{-x}) - \frac{1}{2} x(\sin x + \cos x)$

(8) $y=C_1\cos\sqrt{2}\,x+C_2\sin\sqrt{2}\,x+\frac{1}{2}(x^3+x^2-3x-1)+\frac{1}{6}e^{-2x}-\frac{1}{7}\cos 3x$

11. (1) $y=Ce^x+e^x\sin x$

(2) $y=C_1e^{-x}+C_2e^{-2x}+\frac{1}{170}e^{2x}(11\sin x-7\cos x)$

(3) $y=C_1e^x+C_2e^{2x}+\frac{1}{10}e^{4x}(\sin x-\cos x)$

(4) $y=C_1e^{(1+\sqrt{2})x}+C_2e^{(1-\sqrt{2})x}-\frac{1}{3}e^x\cos x$

(5) $y=C_1e^x+C_2e^{3x}+\frac{1}{2}e^{3x}(x^2-x)-\frac{3}{8}e^x(\cos 2x+\sin 2x)$

(6) $y=C_1e^{-2x}+C_2e^{-3x}+e^{-2x}(\tan x-1)$

12. (1) $y=C_1\cos 2x+C_2\sin 2x+\frac{1}{9}(3x\sin x-2\cos x)$

(2) $y=Ce^{-x}+\frac{1}{4}e^{-x}(\sin 2x+2x\cos 2x)$

(3) $y=C_1\cos x+C_2\sin x-\frac{1}{3}x^2\sin 2x-\frac{8}{9}x\cos 2x+\frac{26}{27}\sin 2x$

(4) $y=C_1e^{-2x}+C_2e^{3x}+\frac{1}{2}e^{-x}\left(\frac{1}{8}x+\frac{3}{32}-\frac{1}{40}x\cos 2x+\frac{3}{40}x\sin 2x\right.$
$\left.+\frac{3}{200}\cos 2x+\frac{17}{400}\sin 2x\right)$

(5) $y=C_1+C_2e^x+C_3e^{-x}+e^x\left\{\frac{1}{6}x^3+\frac{3}{4}x^2+\frac{7}{4}x+\frac{1}{10}(\cos x-3\sin x)\right\}$

(6) $y=C_1e^x+C_2e^{3x}-\frac{1}{8}e^x(\sin 2x+\cos 2x)-\frac{1}{425}(16\sin 4x+13\cos 4x)$

1-4 미분방정식의 급수해법

1. (1) $y=C_0\sum_{n=0}^{\infty}\frac{(2x)^n}{n!}=C_0e^{2x}$

(2) $y=C_0\sum_{n=0}^{\infty}\frac{(-x)^n}{n!}=C_0e^{-x}$

(3) $y=C_0\sum_{n=0}^{\infty}\frac{(Kx)^n}{n!}=C_0e^{Kx}$

(4) $y=\frac{C_0}{1-x}$

(5) $y=C_0(1+x)^3$

(6) $y=\frac{C_0}{1+x}$

(7) $y=C_0e^{-x^2}$

(8) $y=C_0e^{x^2}$

(9) $y=C_0e^x+C_1e^{-x}$

(10) $y=C_0\cos 2x+C_1\sin 2x$

2. (1) $y_1 = \dfrac{C_0}{1-x}$, $y_2 = \dfrac{C_1}{x}$ (2) $y_1 = C_0 x^{1/4}$, $y_2 = C_1 x^{3/4}$

(3) $y_1 = C_0(1+x)$, $y_2 = C_1\sqrt{x}$

(4) $y_1 = C_0 x^{-1}\sin x$, $y_2 = C_0' x^{-1}\cos x + C_1' x^{-1}\sin x$

(5) $y_1 = C_0 x^{-3}\sinh x$, $y_2 = C_0' x^{-3}\cosh x + C_1' x^{-3}\sinh x$

(6) $y_1 = C_0 x^{-3}\sin x$, $y_2 = C_0' x^{-3}\cos x + C_1' x^{-3}\sin x$

(7) $y_1 = C_0 x^{3/2}$, $y_2 = C_0' x^{-1}$

(8) $y_1 = C_0 x\left(1+\dfrac{x}{1!2!}+\dfrac{x^2}{2!3!}+\dfrac{x^3}{3!4!}+\cdots\cdots\right)$

$y_2 = C_0'\left(1+\dfrac{x}{1!2!}+\dfrac{x^2}{2!3!}+\dfrac{x^3}{3!4!}+\cdots\cdots\right)$

(9) $y_1 = C_0 e^x$, $y_2 = e^x \ln x + C_0' ex$

(10) $y_1 = C_0 x^{-1}$, $y_2 = C_0' x^2\left(1-\dfrac{1}{10}x^2+\dfrac{1}{56}x^4+\cdots\cdots\right)$

(11) $y_1 = C_0 x^{-2}\sin x$, $y_2 = C_0' x^{-2}\cos x + C_1' x^{-2}\sin x$

(12) $y_1 = \dfrac{C_0 x(2-3x)}{2(1-x)}$

$y_2 = C_0\left[1+\dfrac{1}{2}x^2+\dfrac{1}{2}x^3+\dfrac{1}{2}x^4+\cdots\cdots\right]$

$+ C_1 x\left[1-\dfrac{1}{2}x-\dfrac{1}{2}x^2-\dfrac{1}{2}x^3-\cdots\cdots\right]$

3. (1) $F(1, 1, 1 : x)$ (2) $xF(1, 1, 2 : -x)$

(3) $xF\left(\dfrac{1}{2}, 1, \dfrac{3}{2}; -x^2\right)$ (4) $2F\left(\dfrac{n}{2}, \dfrac{n+1}{2}, \dfrac{1}{2}; x^2\right)$

(5) $2^{-n}F\left(\dfrac{n}{2}, \dfrac{n+1}{2}, n+1; x\right)$ (6) $2xF\left(\dfrac{1}{2}, \dfrac{1}{2}, \dfrac{3}{2}; x^2\right)$

4. (1) $y = C_1F\left(1, -\dfrac{1}{3}, \dfrac{1}{3}; x\right) + C_2x^{3/2}F\left(\dfrac{5}{3}, \dfrac{1}{3}, \dfrac{5}{3}; x\right)$

(2) $y = C_1F\left(\dfrac{1}{2}, \dfrac{1}{2}, \dfrac{1}{2}; x\right) + C_2x^{1/2}F\left(1, 1, \dfrac{3}{2}; x\right)$

(3) $y = C_1F\left(1, 1, -\dfrac{1}{2}; x\right) + C_2x^{3/2}F\left(\dfrac{5}{2}, \dfrac{5}{2}, \dfrac{5}{2}; x\right)$

(4) $y = C_1F\left(1, \dfrac{1}{2}, \dfrac{1}{2}; x\right) + C_2x^{1/2}F\left(\dfrac{3}{2}, \dfrac{1}{2}, \dfrac{3}{2}; x\right)$

5. 본문 참조

6. 본문 참조

7. 본문 참조

8. 본문 참조

9. 본문 참조

10. 본문 참조

11. 본문 참조

12. 본문 참조

13. 본문 참조

14. 본문 참조

15. 본문 참조

제2장 라플라스 변환

2-2 함수의 라플라스 변환과 기본정리

1. (1) $F(s)=\dfrac{3}{s^2}+\dfrac{4}{s}$ (2) $F(s)=\dfrac{2}{s^3}+\dfrac{2}{s^2}+\dfrac{3}{s}$

(3) $\dfrac{e^b}{s-a}$ (4) $F(s)=\dfrac{1}{s^2+a^2}(s\cos b-a\sin b)$

(5) $F(s)=\dfrac{1}{2}\left(\dfrac{s}{s^2+3^2}+\dfrac{s}{s^2+1}\right)$

(6) $F(s)=\dfrac{1}{(s+1)^2+\omega^2}\{\omega\cos\theta+(s+1)\sin\theta\}$

(7) $F(s)=\ln\left(\dfrac{s-1}{s}\right)$ (8) $F(s)=\dfrac{2(s+1)}{[(s+1)^2+1]^2}$

2. (1) $F(s)=\dfrac{K}{s}(1-e^{sc})$ (2) $F(s)=\dfrac{K}{s}-K\dfrac{(1-e^{-sc})}{Cs^2}$

(3) $F(s)=\dfrac{1}{s^2}(1-e^{-sc})$

2-3 미분과 적분의 라플라스 변환

1. (1) $F(s)=\frac{1}{s^2}(2-se^{-s}-e^{-s})$　　(2) $F(s)=\frac{1}{s}(2-e^{-s})$

2. $F(s)=\frac{2}{s}(1-e^{-s})$

3. (1) $\mathcal{L}[f'(t)]=\frac{-\beta^2 M}{s^2+\beta^2}$　　(2) $\mathcal{L}\left[\int f(t)\right]=\frac{M}{s^2+\beta^2}$

(3) $I(s)=\frac{1}{R+\frac{1}{sC}}\left\{\frac{E}{s}-\frac{1}{sC}i^{(-1)}(0)\right\}$　　(4) $I(s)=\frac{1}{R+Ls}\left\{\frac{E}{s}+Li(0)\right\}$

4. (1) $I(s)\left(s^2L+sR+\frac{1}{sC}\right)=0$　　(2) $\theta(s)=\frac{16}{3s^2+8s+7}$

(3) $F(s)=\frac{10}{s^3+s^2+4s+5}$　　(4) $X(s)=\frac{1}{(s+3)^2\left(5s+6+\frac{12}{s}\right)}$

(5) $X(s)=\frac{27}{s(s^2+2s+16)}$

2-4 특이함수의 라플라스 변환

1. $\mathcal{L}[\delta'(t)]=s$

2. $\mathcal{L}[tu(t)]=\frac{1}{s^2}$

3. (1) $f(t)=t\{u(t)-u(t-1)\}+(2-t)\{u(t-1)-u(t-2)\}$

$F(s)=\frac{1}{s^2}(1-2e^{-s}+e^{-2s})$

(2) $f(t)=u(t-T)-u\{t-(T+1)\}$

$F(s)=\frac{e^{-sT}}{s}(1-e^{-s})$

(3) $f(t)=\frac{A}{T}t\{u(t)-u(t-T)\}$

$F(s)=\frac{A}{s^2T}\{1-e^{-sT}(1+sT)\}$

(4) $f(t)=5\{u(t-1)-u(t-2)\}-5\{u(t-3)-u(t-4)\}$

$F(s)=\frac{5}{s}(e^{-s}-e^{-2s}-e^{-3s}+e^{-4s})$

2-5 주기함수의 라플라스 변환

1. (1) $F(s)=\frac{2}{s}(1-e^{-\pi s})$ (2) $F(s)=\frac{1}{s}\left(\frac{1}{1+e^{-us}}\right)$

(3) $F(s)=\frac{1}{s(1-e^{-3s})}(1-0.5e^{-s}-0.5e^{-2s})$

(4) $F(s)=\frac{1}{s}\cdot\frac{1}{(1-e^{-s})}$

2. (1) $F(s)=\frac{1}{s^3}[2-e^{-s}(2+2s+s^2)]$

(2) $F(s)=\frac{1}{s-1}(1-e^{1-s})$

(3) $F(s)=\frac{1}{s}-\frac{1}{s+1}-e^{-\pi s}\left(\frac{1}{s}-\frac{e^{-\pi}}{s+1}\right)$

3. (1) $F(s)=\frac{\pi s-1+e^{-2\pi s}}{s^2(1-e^{-3\pi s})}$

(2) $F(s)=\frac{2(e^{2\pi s}-1-2\pi s-2\pi^2 s^2)}{s^3(e^{2\pi s}-1)}$

(3) $F(s)=\frac{e^{2(1-s)\pi}-1}{(1-s)(1-e^{-2\pi s})}$

(4) $F(s)=\frac{\frac{1}{s^2}(1-e^{-\pi s})-\frac{\pi}{s}e^{-\pi s}}{1-e^{-2\pi s}}=\frac{1}{s^2(1-e^{-2\pi s})}[1-e^{-\pi s}(1+s\pi)]$

4. $F(s)=\frac{\omega}{(s^2+\omega^2)(e^{\pi s/\omega}-1)}$

5. $i(t)=\frac{1}{R}\left(\frac{e^{-kt}}{1-e^{-k}}+t-\frac{L}{R}\right)$, $i(t+1)=i(t)$, $k=\frac{R}{L}$

2-6 라플라스 역변환

1. (1) $f(t)=\frac{1}{2}\sin 4t$ (2) $f(t)=\cosh 2t-2\sinh 2t$

(3) $f(t)=e^{-2t}\cos t$ (4) $f(t)=et\left(\cosh 2t+\frac{1}{2}\sinh 2t\right)$

(5) $f(t)=1-e^{-t}$ (6) $f(t)=\frac{1}{4}(1-\cos 2t)$

(7) $f(t)=2e^{-at}-1$ (8) $f(t)=\sinh 2t-2t$

(9) $f(t)=\frac{1}{8}(e^{2t}-1-2t-4t^2)$

(10) $f(t)=\frac{1}{\omega^2}\left(t-\frac{\sin\omega t}{\omega}\right)$

(11) $f(t)=1+t-\cos t-\sin t$

(12) $f(t)=3-2e^{-4t}$

(13) $f(t)=2e^{-4t}+e^{2t}$

(14) $f(t)=1-2\sinh 5t$

(15) $f(t)=3\cos 3t-\frac{1}{3}\sin 3t$

(16) $f(t)=e^t(\cos t+\sin t)$

(17) $f(t)=2e^{3t}+\cos t+\sin t$

(18) $f(t)=e^{2t}(2t-4)$

2-7 라플라스 변환에 의한 상미분방정식의 해

1. (1) $y(t)=\cos t-\sin t$

(2) $y(t)=3\sinh 2t$

(3) $y(t)=A\cos\omega t+\frac{B}{\omega}\sin\omega t$

(4) $y(t)=e^{-t}\sin t$

(5) $y(t)=3e^{-t}\sin 4t$

(6) $y(t)=e^{\frac{1}{3}t}(4t+3)$

(7) $y(t)=5e^{kt}-3$

(8) $y(t)=e^{\frac{t}{2}}(3\cos 3t+2\sin 3t)$

(9) $y(t)=e^{-\frac{t}{2}}\cos t$

(10) $y(t)=2e^{-\frac{k}{2}t}\left(\cosh\frac{3}{2}kt+\sinh\frac{3}{2}kt\right)$

2-8 초기치정리와 최종치정리

1. (1) $f(0)=1$

(2) $f(0)=0$

2. (1) $\lim_{t\to\infty}f(t)=0$

(2) $\lim_{t\to\infty}f(t)$는 성립하지 않음

3. (1) $y(t)=\cos t-\cos 2t$

(2) $y(t)=2e^{3t}+e^t$

(3) $y(t)=t+e^t-e^{-2t}$

(4) $y(t)=t(\sin t-\cos t)$

4. (1) $y_1(t)=\cos t,\ y_2(t)=\sin t$

(2) $y_1(t)=\sin t,\ y_2(t)=\sin 2t$

(3) $y_1(t)=\sinh t,\ y_2(t)=\cosh t$

(4) $y_1(t)=e^t,\ y_2(t)=e^{-t},\ y_3(t)=e^t-e^{-t}$

2-9 상승정리

1. (1) $y(t)=\int_0^t f(\tau)e^{\tau-t}dt$

(2) $y(t)=\int_0^t f(\tau)\sinh(t-\tau)\,d\tau$

(3) $y(t) = \int_0^t f(\tau)\,e^{-(t-\tau)}\sin(t-\tau)\,d\tau$

(4) $y(t) = \dfrac{1}{\beta-\alpha}\int_0^t \left[e^{-\alpha(t-\tau)} - e^{-\beta(t-\tau)}\right]d\tau$

(5) $y(t) = \int_0^t f(\tau)\,(t-\tau)\,d\tau$

(6) $y(t) = \int_0^t f(\tau)\,(t-\tau)\,e^{-\alpha(t-\tau)}\,d\tau$

2. $f(t) = e^3\,;\, y(t) = \dfrac{1}{20}e^{3t} + \dfrac{1}{5}e^{-2t} - \dfrac{1}{4}e^{-t}$

$f(t) = t\,;\, y(t) = -\dfrac{3}{4} + \dfrac{1}{2}t + e^{-t} - \dfrac{1}{4}e^{-2t}$

제3장 푸리에 급수와 적분

3-1 푸리에 급수

1. (1) $\displaystyle\sum_{n=1}^{\infty}(-1)^{n+1}\frac{2}{n}\sin nx$

(2) $\displaystyle\frac{\pi^2}{3} + \sum_{n=1}^{\infty}(-1)^n\frac{4}{n^2}\cos nx$

(3) $\displaystyle\frac{\pi^2}{5} + \sum_{n=1}^{\infty}(-1)^n\left(\frac{8\pi^2}{n^2} - \frac{48}{n^4}\right)\cos nx$

2. (1) $\displaystyle\frac{1}{2} + \frac{2}{\pi}\left(\sin\frac{\pi}{2}x + \frac{1}{3}\sin\frac{3\pi}{2}x + \frac{1}{5}\sin\frac{5\pi}{2}x + \cdots\cdots\right)$

(2) $\displaystyle\frac{2}{\pi}\left(\sin\pi x - \frac{1}{2}\sin 2\pi x + \frac{1}{3}\sin 3\pi x + \cdots\cdots\right)$

(3) $\displaystyle 1 + \sum_{n=1}^{\infty}\frac{4}{n^2\pi^2}\{(-1)^n - 1\}\cos\frac{n\pi}{2}x$

(4) $\displaystyle -\frac{4}{x^2}\left(\cos\pi x + \frac{1}{9}\cos 3\pi x + \frac{1}{25}\cos 5\pi x + \cdots\cdots\right)$

$\displaystyle\qquad + \frac{2}{\pi^2}\left(\sin\pi x + \frac{1}{3}\sin 3\pi x + \frac{1}{5}\sin 5\pi x + \cdots\cdots\right)$

(5) $\displaystyle\sum_{n=1}^{\infty}\frac{1}{n^2\pi^2}\{1-(-1)^n\}\cos n\pi x + \sum_{n=1}^{\infty}\left\{\frac{3(-1)^n - 1}{2n\pi}\right\}\sin n\pi t$

(6) $\frac{1}{4}+\sum_{n=1}^{\infty}\frac{1}{n^2\pi^2}\{1-(-1)^n\}\cos 2n\pi x$

3. 본문 참조

4. 본문 참조

5. 본문 참조

6. 본문 참조

7. 본문 참조

3-2 푸리에 적분

1. $|x|<1$일 때 π, $|x|=1$일 때 $\pi/2$, $|x|>1$일 때 0

2. $\sqrt{\frac{2}{\pi}}\frac{m}{m^2+\alpha^2}$

3. 본문 참조

4. $\frac{2(x-\sin x)}{\pi x^2}$

5. $\frac{(b-a)\alpha}{b\pi[x^2+(b-a)^2]}$

찾아보기

[한글]

[숫자, 영문]

미분방정식 입문

2010년 7월 10일 1판 2쇄 발행

저 자 하 홍 곤
발행인 남 승 우

발행처 도서출판 상尚 학學 당堂

서울시 동작구 조홍1길 4(사당3동 220-43)
TEL : 02) 595-1692~4
FAX : 02) 595-1394
E-mail : namdoo6@unitel.co.kr
신고 : 2-155호 (1968. 11. 29)

정가 14,000원

ISBN 978-89-93383-09-6 93410

미분방정식 입문

2010년 7월 10일 1판 2쇄 발행

저 자 하 홍 곤
발행인 남 승 우

발행처 도서출판 상尙 학學 당堂
서울시 동작구 조홍1길 4(사당3동 220-43)
TEL : 02) 595-1692 ~ 4
FAX : 02) 595-1394
E-mail : namdoo6@unitel.co.kr
신고 : 2-155호 (1968. 11. 29)

정가 14,000원

ISBN 978-89-93383-09-6 93410